生態学フィールド調査法シリーズ

2

占部城太郎
日浦 勉　編
辻 和希

送粉生態学調査法

酒井章子　著

共立出版

本シリーズの刊行にあたって

　錯綜する自然現象を紐解き，もの言わぬ生物の声に耳を傾けるためには，そこに棲む生物から可能な限り多くの，そして正確な情報を抽出する必要がある。21世紀に入り，化学分析，遺伝情報，統計解析など，生態学が利用できる質の高いツールが加速度的に増加した。このようなツールの進展にともなって，野外調査方法も発展し，今まで入手できなかった情報や，精度の高いデータが取得できるようになりつつある。しかし，特別な知識や技術をもちあわせたごく限られた研究者が見る世界はほんの断片的なものであり，その向こうにはまだまだ未知な領域が広がっている。さまざまな生物と共有している私たちが住む世界，その知識と理解を一層押し広げていくためには，だれでも適切なフィールド調査が行えることが望ましい。

　本シリーズはこのような要請に応えて，野外科学，特に生態学が対象とする個体から生態系に至る多様な現象を深く捉え，正しく理解していくための最新のフィールド調査方法やそのための分析・解析手法を，一般に広く敷衍することを目的に企画された。

　最新で質の高いデータを得るための調査手法は，世界の研究フロントで活躍している研究者が行っている。そこで執筆は，実際に最新の手法で野外調査を行い，国際的にも活躍しているエキスパートにお願いした。

　地球環境変化や地域における自然の保全など，生態学への期待は年々大きくなっている。今や，フィールド調査は限られた研究者だけが行うのではなく，社会で広く実施されるようになった。このため本書は，これから研究を始める学生や研究者だけでなく，コンサルタント業務や行政でフィールド調査に携わる技術者，中学校・高等学校で生態学を通じた環境教育を実践しようとする教員をも対象に，それぞれの立場で最新の科学的知見に基づいたフィールド調査に取り組めるような内容を目指している。

　フィールド調査は生態学の根幹であるが，同時に私たち人類にとっても重要

である．40年前に共立出版株式会社で企画・出版された『生態学研究法講座』にある序文の一節は，むしろ現在の要請としてふさわしい．「いまや人類の生存にも深くかかわる基礎科学となった生態学は，より深い解析の経験的・技術的方法論と，より高い総合の哲学的方法論を織りあわせつつ飛躍的に前進すべき時期に迫られている」

編集委員会
占部城太郎・日浦　勉・辻　和希

まえがき

　花粉の授受は，植物が子孫を残す上で必要とするたくさんのステップのうちの1つに過ぎない。それにもかかわらず，生態学の一分野として「送粉生態学」と認識されるほど数多くの研究が行われてきた。その理由に，生物種間の相互作用を肉眼で容易に観察できるなどの研究材料としての優位性，農作物生産や育種における実用的な意義を挙げることができるだろう。これらに加え，花がわたしたちの生活の身近に存在していたこと，送粉を経て結実するということが誰にとっても馴染みのある現象であったことも大きいのではないだろうか。わたしたちの生活を彩ってくれる花がどんな役割をもち，どのような歴史を経て進化してきたのかは，多くの人の関心を惹くテーマだと思う。

　一方で近年，環境問題から送粉に新しい光が当てられるようになった。現在，人間活動による生態系やその機能への影響が，深刻な環境問題の1つとして広く認識されている。生態系の機能には変化を把握しにくいものが多い中，送粉は定量的評価が可能で，もっともデータが蓄積されているものの1つとしても関心を集めるようになった。それでもなお，研究者が調査できる範囲というのは，空間的にも調査項目としても非常に限られたもので，影響の全体を把握するには極めて不十分である。

　そこで本書では，研究者や研究者を目指す方に限らず多くの方々に興味をもってもらえるよう，送粉のごく基本的な調査法を紹介したいと考えた。送粉生態学を一般の方々に向け紹介した本はいくつも出版されてきたが，方法論をまとめたものはない。どんな人でも花や実を摘んだ経験はあるだろうし，チョウやミツバチも見たことがあるはずである。送粉生態学では，誰でも特別な道具がなくてもいろいろなことを調べられる。これが本書の一番のメッセージである。

　本書は全5章から構成されている。まず第1章では，送粉生態学の歴史や研究内容を概説した。第2章では植物の繁殖の一番の特徴ともいえる自家和合性

と不和合性について，第3章では花粉の授受を媒介する送粉者の同定について，第4章では花粉の授受の量的な評価に関する調査法を説明した．生態学の知識をもたない方にも調査の目的や意義を理解してもらえるよう，調査法について述べる前に生態学的な背景に言及した．実際の研究例としては，できるだけ日本の植物を材料としたものを選んでいる．最後の人間活動と送粉の関係についての第5章は，いわば応用編で調査法の記述はない．しかし，本書で紹介したような基本的な調査法の重要性は，このような課題においてこそ高い．大学や研究機関の外でもこのような研究を促せたらと考え，他の章よりも多くのページを研究例に割いた．本書がそれらに続く研究の一助になることがあれば，これほどうれしいことはない．

本書の出版にあたっては，多くの方々にお世話になった．「生態学フィールド調査法シリーズ」編集委員会の占部城太郎氏，日浦勉氏，辻和希氏には，本書を執筆する機会を与えていただき，また編集委員として2回にわたって原稿に目を通していただいた．共立出版株式会社の山内千尋氏には，忍耐強く励ましていただき，編集の労をとっていただいた．井田崇氏，潮雅之氏，丑丸敦史氏，長田穣氏，川北篤氏，西田佐知子氏には，原稿の内容や表現について有益な助言をいただいた．金岡雅浩氏には写真を，杉野由佳氏には植物画を提供していただいた．ここに，心よりお礼を申し上げる．

2015年7月　　　　　　　　　　　　　　　　　　　　　　　　　　　酒井章子

目　次

第 1 章　送粉生態学とは　　1
1.1　はじめに　　1
1.2　送粉生態学略史　　1
1.3　現在の送粉研究　　5
1.3.1　繁殖様式と送粉様式　　5
1.3.2　植物と送粉者の相互作用　　6
1.3.3　群集全体での植物と送粉者の関係　　6
1.3.4　送粉を左右する環境要因　　7

第 2 章　自殖と他殖　　10
2.1　はじめに　　10
2.2　自殖のメリットとデメリット　　11
2.3　自家不和合性　　15
2.4　雌雄間の干渉　　18
2.5　なぜ両性花をもつのか　　21
2.6　自殖と他殖を使い分ける　　21
2.7　植物の生態と自殖・他殖　　23
2.8　自殖と他殖に関する調査法　　24
2.8.1　袋がけ実験　　24
2.8.2　実験デザイン　　28
2.8.3　結果率の差の検定　　30
2.8.4　近交弱勢の定量　　35
2.9　研究例　　36
2.9.1　ボチョウジ属に見られる繁殖様式の変異　　36

第3章　花粉の運び手を調べる　39

- 3.1　はじめに　39
- 3.2　被子植物の多様化と送粉　40
- 3.3　日本の植物の送粉様式　42
- 3.4　送粉様式と送粉者の地理的変異　48
- 3.5　送粉様式の調査法　51
  - 3.5.1　風による送粉の有無　51
  - 3.5.2　動物の送粉者の同定　56
- 3.6　研究例　61
  - 3.6.1　アカメガシワの送粉様式　61
  - 3.6.2　ラベンダーの訪花者に見られる送粉効率の違い　64

第4章　送粉の成功を測る　71

- 4.1　はじめに　71
- 4.2　花粉制限　71
- 4.3　雌としての成功・雄としての成功　74
- 4.4　送粉成功の調査法　75
  - 4.4.1　花粉制限　75
  - 4.4.2　雌としての送粉成功　77
  - 4.4.3　雄としての送粉成功　81
- 4.5　研究例　82
  - 4.5.1　雌と雄の送粉成功の比較　82
  - 4.5.2　花粉制限と資源制限　85

第5章　人と送粉　89

- 5.1　はじめに　89
- 5.2　人間の活動が送粉に与える影響　89
  - 5.2.1　気候変動　90
  - 5.2.2　景観の変化　90
  - 5.2.3　農業の集約化　91

	5.2.4 帰化種	91
5.3	生態系サービスとしての送粉	92
5.4	研究例	95
	5.4.1 気候変動と春植物の繁殖	95
	5.4.2 周辺環境とソバの結実	96
	5.4.3 都市化が招いたツユクサの繁殖形質の変化	97
	5.4.4 帰化種から在来種への繁殖干渉	102

さらに詳しく勉強したい方のための参考書	107
索　引	109

第 1 章 送粉生態学とは

1.1 はじめに

　有史以前から世の東西を問わず，人は花の美しさ，多様さを愛でてきた。住まいに飾り，自分の身につけ，人に贈る。空腹を満たす，雨風をしのぐ，といった実用的な用途がほとんどないにもかかわらず，ここまで広く人の生活に入り込んだ「生き物」はほかにないのではないだろうか。

　顕花植物の有性生殖器官である花の美しさ，および多様さは，植物の生殖過程に対して強い選択圧がかかってきたこと，植物はその選択圧にさまざまな解決策を見い出してきたことを示している。自らが動いて交配する相手を探すことのできない植物は，有性生殖を達成するために，遺伝子を風や動物に運ばせるための花粉と，それを受け取るための柱頭を発明し（Box 1.1），色とりどりの花弁や甘い蜜など，パートナーとして選んだ動物を惹き寄せる仕組み，あるいは花粉を風に乗せて遠くへ運ぶ仕組みを備えた花を進化させた。雄しべから配偶相手の雌しべに花粉が運ばれる過程を**送粉**（pollination）と呼ぶ。**送粉生態学**（pollination ecology）は，花の美しさや多様さを生物学的に解釈しようという学問なのである。

1.2 送粉生態学略史

　送粉生態学の歴史は，18世紀のドイツの生物学者 Joseph Gottlieb Kölreuter（1733-1806）に始まると考えられている（Mayr, 1986; Waser, 2006）。彼は，メンデル以前の遺伝学者であり，花が植物の生殖器官であることを明らかにした先駆者の1人でもある。Kölreuter は，雌しべに数を変えて花粉をつける実験をし，受粉と果実・種子生産の関係を確かめた。また，1日中花を見張って昆虫

Box 1.1
植物の受精の仕組み

　被子植物では，生活史の中で核相が変化する（核相交代）。わたしたちが普段目にする植物体（胞子体）は複相（2n）世代であるが，有性生殖を担うのは花粉と呼ばれる単相（n）の雄性配偶体と，胚嚢と呼ばれる雌性配偶体である。

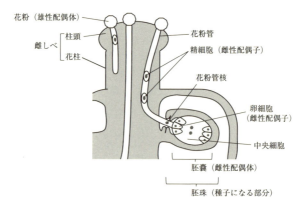

図　受粉から受精までのプロセス
花粉は柱頭につくと発芽し，花柱の中を胚珠に向かって花粉管を伸ばす。花粉管を通って雄性配偶子である2つの精細胞が移動する。一方の精細胞は胚嚢の中にある雌性配偶子である卵細胞と受精して胚になり，もう一方は中央細胞と受精し胚乳となる。胚珠が種子へと成長したとき，胚は新しい個体となり，胚乳は発芽や初期成長のための養分を蓄える器官となる。

が近づけないように追い払っていると（なんという忍耐強さ！），その花は結実しないということを確かめた。そのほかにも，数々の観察と実験から，多くの植物が昆虫によって送粉されていると推測している。最近の研究では，約90％の被子植物が動物に送粉されていると見積もられているから（Ollerton *et al.*, 2011），この推測はもちろん正しい。

　Kölreuterと同時代，送粉について初めて体系的にまとまった本（Sprengel, 1975）を著したChristian Konrad Sprengel（1750-1816）は，送粉生態学の祖とも呼ばれる。Sprengelはこの著書のタイトルに，「自然の神秘」という言葉を使ったが，これはKölreuterが，花粉を運ぶ昆虫と植物の関係を「自然の神秘」と呼んだことにちなんでいる。この本では，個々の植物の送粉についての記述

に加え，花の形態や性表現による分類が試みられており，現代の送粉生態学につながる内容を多く含んでいる．

　出版された当時ほとんど注目されることはなかったSprengelの著書に光を当てたのは，Charles Darwin（1809-1882）であるといわれている．彼は，KölreuterやSprengelが明らかにした植物と**送粉者**（pollinator）の関係を，自然選択の理論の中に位置づけた．Darwin自身も植物の繁殖に深い関心をもっていて，『昆虫によるランの受精についての論考』（1862年），『他花および自花受精の効果』（1876年），『同一種の植物における花の異型』（1877年；異花柱性，雌雄異株（第2章）などについて記述）を出版した．Darwinやその後の進化生態学者が送粉や植物の繁殖を研究テーマに選んだのは，これらが進化における自然選択の役割を美しく描き出すのに優れた材料であったからである．

　現在送粉生態学で扱われる研究テーマの多くはDarwinの研究に遡ることができるが，Darwin以後に登場し，送粉生態学に大きな影響を及ぼした概念の1つに**送粉シンドローム**（pollination syndrome）がある．送粉シンドロームとは，同じ動物に送粉される花は系統的に離れていても，色や形，匂い，開花時間，報酬の種類など共通した形質の組み合わせをもっていることをいう（Vogel *et al.*, 1954; Faegri and Van der Pijl, 1979; Wyatt, 1983；加藤，1993；表1.1）．たとえば，鳥によって送粉される花は赤い色をしていて昼間に咲き，匂いはほとんどなく，蜜を大量に分泌することが多い．ガによって送粉される花は，夜咲きで白っぽい色をしており，香水のような匂いを放つ．しばしば長い筒状の構造をもち，そこに蜜をためる．

　この送粉シンドロームという考え方を慎重にとらえる研究者も多い．理由の1つに，花は特定の送粉者に適応していると暗に仮定することへの批判や反省がある．植物の中には，特定の送粉者に特殊化しているものもいれば，いろいろな動物に送粉をゆだねているものもある．どちらが進化的・原始的であるとか，優れているとかという設問は適切でない．理由の2つ目として，最近まで客観的なデータによる批判的検討がほとんど行われないまま，概念ばかりがひとり歩きしてきたことがある．実際，花が誰に送粉されるかという情報を使わずに，色や形，そのほかの形質を使って分類しようとしても，送粉シンドロームに対応しそうなまとまりは認識できないし，花の形質から送粉者を予想しよ

表 1.1 植物の送粉様式と花の形態・信号・報酬との相関関係 (Wyatt, 1983; 加藤, 1993 より抜粋、改変)

送粉様式	風媒	水媒	甲虫媒	腐食性ハエ媒	ハナアブ媒	ハナバチ類	スズメガ類	ガ類など	チョウ類	鳥媒	コウモリ媒
媒体	風	水	甲虫類(ハナムグリ、ハナノミ、ケシキスイなど)	腐食性のハエ(キノコバエ、フンバエ、キノコバエなど)	ハナアブ類、ツリアブ類	ハナバチ類	スズメガ類	ヤガ類など	チョウ類	鳥(ハチドリ類、ミツスイ類など)	花蜜食性コウモリ
開花	1日中花弁退化	1日中花弁退化	昼・夜、普通はくすんだ色	昼・夜	昼、稀に夜	昼、稀に夜	夜、薄暮	夜、薄暮	昼	昼	夜
色	(花弁退化)	(花弁退化)	多様、普通はくすんだ色	紫褐色〜褐色	多様	多様、赤以外	白、淡色、緑	白、淡色、緑	多様	鮮やかな赤	白、緑
匂い	なし	なし	強い果実臭、アミノ臭	強い腐臭またはキノコ臭	なし	あり	甘く強い香り	やや強い甘い香り	やや甘い香り	なし	強い醗酵臭
花の形	柱頭に風を受け込む構造	柱頭に水流を受け込む構造	放射相称	普通は放射相称	普通は放射相称	放射相称か左右相称、花は多様	放射相称、花は水平か下向き	放射相称、花は水平か下向き	放射相称	放射相称か左右相称	放射相称、ブラシ状か鐘状
花の深さ	露出	露出	平盤状か杯状	浅いわな状花では深い、構造が発達	浅い、稀にやや深い	極めて多様	細く太く深い花筒か距が発達	細く太く深い花筒か距が発達	深い、しばしば漏斗状	深く太い花筒か距が発達	なし
蜜標	なし	なし	なし	なし	なし	あり	なし	なし	なし	なし	なし
報酬	なし	なし	花粉、食物としての組織、交尾場所	なし	花粉が濃い花蜜	極めて多くの分類群、花蜜、稀に花粉、花油	やや多量の薄い花蜜(約22%)	薄い花蜜(約22%)	多量の薄い花蜜(約30%)	多量の薄い花蜜(約25%)	多量の薄い花蜜(19%)か多量の花粉
実例 日本	マツ、スギ、ヒノキ、ブナ、ニレ、カバ、ウ、イラクサ、ヒユ、イネ、カヤツリグサ科など	トチカガミ、カワゴケソウ、ウミヒルモ、アマモ、イバラモ、ルムシロ科	ダンコウバイなど	テンナンショウ類、ウマノスズクサ科	キンポウゲ、イチゴツナギ、シオデなど	極めて多くの分類群	ハマオモト、ハマユウ類	ツレサギソウ類	ツバキ、ユリ、ゲンノショウコ類	ツバキ、オオルリ、キスゲ、ヤドリギ	なし
世界			バンレイシ科、バナナ科、タコノキ科、サトイモ科	サクラソウ科	極めて多くの分類群	極めて多くの分類群	マツヨイグサ類、オシロイバナ類、ウチワサボテン類、ヒガンバナ科	さまざまな	ツレサギソウ、ユリ、キスゲ、ヤドリギ類	フクシア、サボテン科、中南米のユリ科	ノウゼンカズラ科、バショウ科、ゴクラクチョウカ科、トケイソウ科

うとしても外れることも多い（Ollerton *et al.*, 2009）。送粉者を共有する植物の間で，ある程度の収斂進化が起きることはいろいろな植物群で確かめられているが（Sakai *et al.*, 2013 ほか），それは古典的な送粉シンドロームで仮定されていたほどはっきりしたものではないというのが現在の多くの研究者の認識だろう。

1.3　現在の送粉研究

　送粉生態学の歴史は長く，今なお生態学者，植物学者を惹きつけてやまない研究分野である。筆者の関心を反映しつつ，現在の送粉研究の主要なテーマを大別すると以下のようになろうか。

1.3.1　繁殖様式と送粉様式

　植物は，自ら動き回って配偶相手やよりよい生育場所を探すことができない代わりに，無性生殖，自家受粉による有性生殖，他家受粉による有性生殖など，多様な繁殖の手段をもっている（第2章参照）。それらの方法を使い分け，他家受粉を効率よく達成するために，生理的，形態的な仕組みや多様な性表現を進化させている。これらをまとめて**繁殖様式**（reproductive system）と呼ぶ。また，他家受粉は送粉者と呼ばれる昆虫を主とした動物，風，水を媒介に達成される（第3章参照）。送粉者は誰か，どのように送粉者を惹きつけ，何を報酬として与えているのか，といったことを**送粉様式**（pollination system）と呼ぶ。繁殖様式や送粉様式は，植物の他の性質（たとえば寿命，生息場所など）と深く関係している。

　繁殖様式，および送粉様式がどのように変化してきたのかという進化学的な課題では，分子生物学的手法の発展が大きく貢献している。種間の系統関係の推定が比較的簡単にできるようになり，繁殖にかかわる形質がどのように進化してきたのかについて，さまざまな系統群で推定されている。繁殖形質の変化や送粉者のシフトのメカニズムを遺伝子レベルで明らかにする研究も行われている。

1.3.2 植物と送粉者の相互作用

　送粉は，植物が蜜や花粉などといった報酬を与え，動物が花粉を運んで送粉サービスを提供していることから，両者に利益のある相利共生関係の代表的な例と考えられている．しかし，植物側の利益と動物側の利益が一致しているわけではない．植物からすると，動物には少しの蜜や花粉で，たくさんの同種個体を訪れてほしい．動物の側からすると，少ない数の個体を訪れるだけで，たくさんの報酬を得られたほうがよい．報酬が得られさえすれば植物の種はどうでもよい．しばしば，報酬だけ受け取って送粉しない，あるいは報酬を与えずに送粉させる「裏切り行為」も発生する．人間社会の取引きと違って契約書を交わすことができない動物と植物の関係が，どのような機構によって維持されているのかは，興味深い研究課題の1つである．

　送粉者にとってありがたいか迷惑かにかかわらず，植物は限られた送粉の機会を最大限に利用するためにさまざまな形質を進化させている．最近では，花の見た目の色や形，花粉や蜜の量ばかりでなく，匂いや蜜の化学成分を評価することも広く行われるようになってきた．形質のばらつきと**繁殖成功**（reproductive success）を調べれば，その形質がどのような選択圧を受けているのか推定することができる（第4章参照）．生産種子数が最も調べやすい繁殖成功の指標であるが，現在ではどの個体からどの個体へ花粉が運ばれたのか遺伝子マーカーを使って調べられるようになり，より精緻に繁殖成功を評価できるようになった．

1.3.3 群集全体での植物と送粉者の関係

　最近盛んに行われるようになってきたものに，植物と送粉者の関係を群集全体で見てみようという**送粉ネットワーク**（pollination network）の研究がある．送粉では，植物は複数の種の動物に送粉してもらい，送粉者のほうも複数の種の花を訪れるという多対多の「ゆるい関係」がほとんどである．かといって，植物と送粉者が相手を選ばず相互作用しているわけでもない．選り好みの程度は種によって違っていて，相手を厳しく選ぶ種もあればわりと許容範囲の広い種もいる．いろいろな種が送粉という相互作用でつながっていると考えると，それはどんなネットワークなのだろうか．

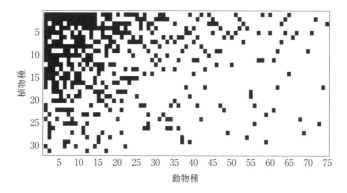

図 1.1 グリーンランドの Zackenberg で観察された送粉ネットワーク（Olesen JM and Elberling H 未発表）
調査対象の植物 31 種を縦に，訪花が観察された動物 75 種を横に並べ，相互作用（訪花）が観察された組み合わせを黒で示している．この図では相互作用する相手の数が多い順に種を並べているので，左上の黒いマスの多い部分が，ジェネラリスト同士が相互作用するネットワークの核に相当する．Bascompte et al.（2006）に掲載のデータに基づいて作成．

　送粉ネットワークの構造はいろいろな場所で調べられているが，顕著な共通点がある．植物にも動物の側にも，それぞれ多数の動物，植物の種と関係をもっているジェネラリストと呼ばれる種がいて，送粉ネットワークの核となっていることである（図 1.1）．個体数やバイオマスの大きいジェネラリストの存在があって，変動する環境下でも植物と送粉者のゆるい関係を柔軟に維持できているのだろう．

1.3.4　送粉を左右する環境要因

　送粉がうまくいくかどうかは，温度や雨といった気候条件をはじめ，さまざまな要因に左右される．どのような要因がどれくらい重要なのかというのは，基礎的な研究ばかりでなく農作物の結実や植物の保全という応用的な面でも重要になってくる（第 5 章参照）．送粉の成功を左右する要因は無数にあるが，そのうちのいくつかを挙げてみよう．

　送粉者が複数の植物を訪れるのであれば，同じ送粉者を利用している他の植物はライバル関係にある．ライバルが多いか少ないか，自分より魅力的かによって，どのくらい送粉者に来てもらえるか，送粉サービスを受けることができ

るかが左右されるということは想像しやすい。送粉者をめぐる植物間の競争は，長く研究者の関心を引いているテーマの1つである。

　一方で，送粉者を共有する植物が，お互いの送粉を助け合う場合もある。1種の植物だけでは，花の数が少なすぎて送粉者が通りすぎてしまうかもしれないが，数種集まって咲けば，送粉者が「ちょっと蜜でも吸っていこう」となる。ライバル関係にあるデパートが，いつも近くに何件か集まっているのと似ているかもしれない。

　もう少し空間スケールを大きくして，植物が生えている場所の周辺に送粉者が生息できる森林はどれくらいあるのかというような影響を考えることができる。農産物の生産に送粉者が必要で，送粉者が森林に営巣しているような場合，畑の周辺にどれくらい森林が残っているのかによって生産量が変わってくるというようなことが起こる。

　実際の研究は，複数の項目にまたがる研究や，どの項目にも入れ難いものもある。もっと詳しく勉強してみたい方は，巻末に挙げた参考書を参照していただければと思う。

　以降の章では，これらの一部ではあるが，実際どのように調べることができるのか紹介していく。

引用文献

Bascompte J, Jordano P, Olesen JM (2006) Asymmetric coevolutionary networks facilitate biodiversity maintenance. *Science*, **312**: 431-433
Faegri K, Van der Pijl L (1979) *The Principles of Pollination Ecology*. Pergamon Press
加藤真 (1993) 送粉者の出現とハナバチの進化.『花に引き寄せられる動物』(井上民二・加藤真 編) 33-78. 平凡社
Mayr E (1986) Joseph Gottlieb Kolreuter's contributions to biology. *Osiris*, **2**: 135-176
Ollerton J, Alarcón R, Waser NM, *et al.* (2009) A global test of the pollination syndrome hypothesis. *Annals of Botany*, **103**: 1471-1480
Ollerton J, Winfree R, Tarrant S (2011) How many flowering plants are pollinated by animals? *Oikos*, **120**: 321-326
Sakai S, Kawakita A, Ooi K, Inoue T (2013) Variation in the strength of association among pollination systems and floral traits: evolutionary changes in the floral traits of Bornean gingers (Zingiberaceae). *American Journal of Botany*, **100**: 546-555
Sprengel CK (1975) *The Secret of Nature in the Form and Fertilization of Flowers Discovered*. Saad Publications
Vogel S, Troll W, von Guttenberg H (1954) *Blütenbiologische Typen als Elemente der*

Sippengliederung : Dargestellt anhand der Flora Südafrikas. G. Fischer

Waser NM (2006) Specialization and generalization in plant-pollinator interactions: a historical perspective. In: Waser NM, Jeff O (eds) *Plant-Pollinator Interactions : From Specialization to Generalization.* 3-17. University of Chicago Press

Wyatt R (1983) Pollinator plant interactions and the evolution of breeding systems. In: Real L (ed) *Pollination Biology.* 51-95. Academic Press

第2章 自殖と他殖

2.1 はじめに

　秋に山を歩いて植物を眺めていると，たわわに実をつけている種もあれば，まばらにしか実をつけていない種もあるのに気づく．もともとの花の数にも違いはあるが，花のうちどのくらいが果実になるのか（この割合を**結果率** fruit set と呼ぶ）は，100%～数% あるいはそれ以下のものまで千差万別である．

　この差の原因としてまず思いつくのは，植物が十分な送粉者を惹きつけ，花粉の授受がうまくいったかどうかかもしれない．しかし，同じ花の中に雌しべと雄しべがある**両性花**（hermaphrodite）において結果率を左右するもっとも大きな要因は，**自家和合性**（self compatibility）・**自家不和合性**（self incompatibility）と呼ばれる性質である．自家和合性とは，同じ個体由来の花粉（自家花粉）でも他の個体由来の花粉（他花花粉）でも区別なく受精し，結実する性質のことである．逆に，他個体の花粉では結実できるのに自分の生産した花粉では結実できないことを，自家不和合性であるという．結果率が 100% に近い植物は自家和合性のことが多く，それよりずっと低ければ自家不和合性，あるいは自家花粉ではまったく結実できないわけではないが他家花粉より結果率が低くなる種（部分的自家不和合性とも呼ばれる）であることが多い（図 2.1）．なぜ，種によって自殖したりしなかったりといった違いが見られるのだろうか．

　この章では，植物にとっての自殖，他殖の意義を概説した上で，自家不和合性をはじめとする自殖と他殖の割合を左右する繁殖の仕組みと，それに関する調査法を紹介する．

図 2.1　パナマの熱帯林に見られるボチョウジ属 2 種の果序
　(a) 自家和合性の *Psychotria micrantha* は，果実をぎっしりとつけている。(b) 自家不和合性の *P. pittieri* は，果実がまばらにしかついていない。

2.2　自殖のメリットとデメリット

　自分の花粉で自分の胚珠を受精する**自殖**（selfing, self fertilization）には，花粉を受け取る雌側にいくつかの明らかなメリットがある。もっとも自明なのは，次世代に残せる自分の遺伝子の数であろう。自分の胚珠と他個体の花粉が受精してできた**他殖**（outcrossing, cross fertilization）由来の種子には，自分と花粉親の遺伝子が半分ずつ入っている。一方，自殖由来の種子の遺伝子は，すべてが自分のもつ遺伝子のコピーである。この他殖に対する自殖の 2 倍のメリットは，有性生殖と無性生殖の違いにも似ているが（Box 2.1），無性生殖では親個体の遺伝子が子個体へそっくり伝わっているのに対し，自殖では 50% の確率で親個体がもっていた対立遺伝子の片方が失われ，ホモ接合になる点で異なっている（図 2.2）。

　自殖の場合は，送粉者に頼る必要がないというのも重要なメリットである。送粉者が必要なければ，目立つ花弁や花蜜も必要ない。その分の資源を種子生産に使えば種子の数を増やせる。実際，自殖による種子生産の割合すなわち**自殖率**（selfing rate）が高い植物では，花は小さくて目立たず蜜の量も少ないことが多い。

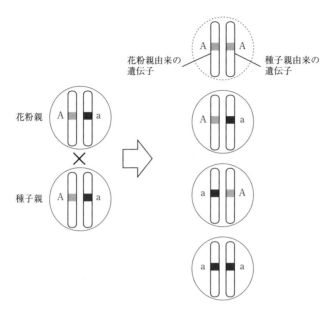

図 2.2 自殖による遺伝的多様性の低下
A と a の異なる対立遺伝子をもつ個体が自殖を行うと，4 種類の遺伝子の組み合わせがそれぞれ 25% の確率で生じる。子のうち半分ではホモ接合（同じ遺伝子型の組み合わせ）となり，遺伝子の多様性が失われる。

● Box 2.1 ●
有性生殖のパラドクス

　雄と雌がいて有性生殖を行う生物と，親が交配せず無性生殖で自分とそっくり同じ遺伝子をもつクローンを産む生物では，後者が前者の 2 倍の増殖率となる（図）。また，単独で子を作ることのできる無性生殖に比べ，配偶相手が必要な有性生殖では，配偶可能な異性を探したり配偶相手をめぐって同性の他個体と競争したりといった手間も必要である。このような大きなコストにもかかわらず，多くの生物が有性生殖を行っていることを「有性生殖のパラドクス」と呼ぶ。

　有生生殖のパラドクスを説明する有性生殖の有利さについては，遺伝子を混ぜ合わせることによって進化のスピードを早めること，集団中から弱有害遺伝子を効率よく排除することなど，いくつかの仮説がある（日本生態学会，2012）。

　多くの被子植物は，種子を通して繁殖する有性生殖（稀に種子を無性的に作るものもある；Box 2.5）のほかに，むかごやイモ，走出枝，根茎による増殖など，無性

生殖の手段をもっているものがたくさんあり，そのような植物は**クローナル植物**（clonal plant）と呼ばれる。植物において，種子による有性生殖と無性生殖では散布距離などが大きく違い，生活史における意義は異なることが多い。

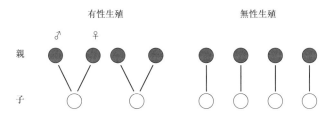

図　無性生殖と有性生殖の増殖率の違い
無性生殖では親1個体で子を生産できるのに対し，有性生殖では雌雄2個体いなければ子を生産できない。

　自殖のほうが，花粉の授受の確実性も高い。他殖の場合，受粉の成功はさまざまな要因に左右され，極めて不確実である。送粉者がいなかったり，あるいは同種の他個体が近くにいなかったりするかもしれない。同種他個体がいて送粉者がいても，花粉の大部分は柱頭ではない場所に散布され，あるいは送粉者の餌となり失われてしまう。他殖によって種子を生産する種は，自殖性の種より胚珠の数に対して花粉の量が少ない傾向がある（Box 2.2）。

● Box 2.2 ●
花粉と胚珠の比率

　花粉の生産量は，さまざまな要因と関連がある。風によって送粉される植物では，動物に送粉されるものより多くの花粉を生産する傾向がある。これは，動物媒では花粉生産を増やしたとしても送粉者の数に限りがあるので花粉親としての成功は頭打ちになるのに対し，風媒では花粉の数が増えただけ雄としての繁殖成功が上がっていくことに関係している。また，花粉のサイズが小さい植物では花粉数が多い傾向があるが，これは花粉生産に使える資源が限られていることを反映している。

　集団中の花粉と胚珠の比率である **PO 比**（pollen ovule ratio）は，しばしば自家受粉と他家受粉の比率のよい指標となることが知られている。いろいろな植物群で，自殖率と PO 比の間には負の相関があることが示されており（Plitmann and Levin, 1990; 図），自殖率の高い種では低い種より PO 比が一桁小さい。

　両性花の PO 比は，比較的簡単に求めることができる。花や個体の間で花粉や胚

珠の数のばらつきがないと仮定すると，花あたりの花粉数を胚珠数で割った値がPO比となる。雌雄同株，雌雄異株となると，個体群全体での雄花と雌花の比率を調べる必要があり，格段に難しくなる。

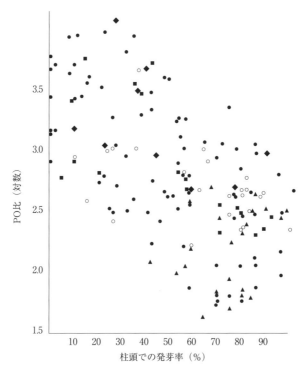

図 ハナシノブ科163種について，標本庫に収蔵されている標本の柱頭での花粉の発芽率とPO比の間の負の相関

すべて両性花をつける種であることから，柱頭の花粉のほとんどが自家花粉だと仮定すると，発芽率は自家和合性の程度を示していると考えられる。実際，その種で知られている繁殖様式（◆は自家不和合性の種，■は主に他殖，▲は主に自殖で繁殖している種，○は自殖と他殖両方行う種，●は繁殖様式がわからない種）と発芽率にはよい対応関係がある。Plitman and Levin（1990）より改変。

こうして見ると，自殖のほうが他殖よりも圧倒的に有利に思えてくるのだが，自殖のデメリットとは何だろうか。同じ個体由来の配偶子が受精する自殖は，親子間や兄弟間よりももっと強い**近親交配**（inbreeding）だ。短い時間スケールで起こる自殖のデメリットは，自殖由来の子個体は他殖由来の子よりも

生存や繁殖能力で劣るという**近交弱勢**（inbreeding depression）と呼ばれる現象である。自殖ではホモ接合が増加することを述べた。ヘテロ接合のときにはさほど影響をもたない弱有害遺伝子が，ホモ接合になると個体の生存や繁殖に悪影響を与えることが近交弱勢を引き起こすと考えられている。

ただし，近交弱勢は克服することが可能である。ほとんど自殖をしない種は強い近交弱勢をもつことが多いが，そのような種でも少しずつ自殖を繰り返していけば，個体が死亡することで集団中から有害遺伝子が取り除かれ，近交弱勢が弱くなっていく。他殖から自殖への進化は，そのようなプロセスを経て植物の進化の歴史の中で繰り返し起きたことがわかっている。

一方，克服することができない長期的なデメリットもあると考えられている。有性生殖のメリットの1つは，異なる個体で生じた突然変異が遺伝子の交換を通じて組み合わさり，進化が速くなることだろう。自殖では，異なる個体の遺伝子が組み合わさることはない。このデメリットが実際に植物に不都合をもたらすにはかなり長い時間が必要であり，観察するのは難しい。しかし，このようなことを考えないと，大部分の植物が少なくとも他殖の余地を残していることを説明できない。

2.3　自家不和合性

自殖を避けるためのもっとも重要な仕組みは，先に述べた自分の花粉と他個体の花粉を区別する自家不和合性と呼ばれる性質である。自家不和合性は，植物の進化や生態，遺伝構造を考える上で重要な性質であるほか，植物の品種改良など応用面での重要性もあって，盛んに研究されているテーマの1つだ。

現在地球上に分布する被子植物のうち，40～60％の種は自家不和合性である。被子植物が進化したときには，すでに自家不和合性を獲得しており（Allen and Hiscock, 2008），それが被子植物の多様化を促したとも考えられている（Ferrer and Good, 2012）。自家不和合性に関与する遺伝子や自家花粉の拒絶が起こる花の部位，そのメカニズムは分類群によって異なる。このことは，自家不和合性の喪失と獲得が，被子植物の進化の歴史の中で繰り返し起こってきたことを示唆している。また，自家不和合性の喪失はその獲得よりずっと頻繁に

起きていることがわかっており,被子植物の繁殖様式の顕著な進化傾向の1つとなっている(Barrett, 2013)。

自家不和合性は,しばしば**配偶体型自家不和合性**(gametophytic self-incompatibility)と**胞子体型自家不和合性**(sporophytic self-incompatibility)に分類される。この2つの違いは,花粉の受け入れ・拒絶が半数体(n)である花粉の遺伝子型により決定されるのか,花粉を作った親個体(2n)の遺伝子型によるのか,という点にある。より広く見られる配偶体型自家不和合性は,柱頭がもつ2つの対立遺伝子のどちらかが,花粉がもつ対立遺伝子と一致すれば受精が妨げられる。配偶体型では,柱頭の2つの対立遺伝子と花粉親の2つの遺伝子で,1つでも重なるものがあれば受精は起こらない(図2.3)。前者はナス科,バラ科など,後者はアブラナ科,キク科などで知られている。なお,異花

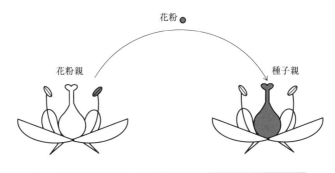

花粉親	花粉	種子親	胞子体型 (2n)	配偶体型 (n)
S1 S2	S1	S1 S2	×	×
S1 S2	S1	S3 S4	○	○
S1 S2	S1	S1 S3	×	×
S1 S2	S2	S1 S3	×	○

図2.3 配偶体型自家不和合性と胞子体型自家不和合性における遺伝子型の組み合わせと受精の可否(表中,それぞれ○と×で示した)
S1〜S4は,自家不和合性を制御する遺伝子座の異なる対立遺伝子を示す。配偶体型自家不和合性では,柱頭(母となる個体)の2つの対立遺伝子のどちらかが花粉のものと一致すれば,柱頭上で花粉の発芽が妨げられたり,花柱内で花粉の伸長が止まったりして受精が妨げられる。一方,胞子体型では,柱頭の2つの対立遺伝子と花粉親の2つの遺伝子で1つでも重なるものがあれば,受精が妨げられる。

柱性 (heterostyly) をもつ植物では，このいずれとも異なる自家不和合性が見られることがある (Box 2.3)。

● Box 2.3 ●
異花柱性

　植物の中には，形態的に異なる両性花をつける2つあるいは3つのタイプの個体が，集団中に共存している種がある。とくに多く見られるのが，雌しべや雄しべの長さの違う個体が共存する異花柱性という性表現である。

　2型の異花柱性の種では，長い雌しべと短い雄しべの個体 (長花柱花) と，相補的な形態をもつ個体 (短花柱花) が，ほぼ同数個体群中に存在する (図c)。この多型は，強く連鎖した遺伝子群によって支配されており，雌しべや雄しべの長さのほかにも，花粉のサイズや表面彫刻，柱頭の形など，さまざまな形質に違いがある。しばしば同型内不和合性 (表) をもっていて，他個体であっても同型の個体間の交配では結実できない。このような場合に，同型の個体由来で不和合の花粉を**不適合花粉** (illegitimate pollen)，異なる型の個体由来で受精が可能な花粉を**適合花粉** (legitimate pollen) と呼ぶことがある。

　多くの植物が両性花をもっているが，両性花には，自家受粉や性機能間の干渉など他殖に不都合な点がある (Barrett, 2002)。異花柱性は，両性花の不都合を回避しつつ，それによって外交配の効率が下がるのを防ぐ意味がある。

　異花柱性はさまざまな分類群で知られており，被子植物で少なくとも28回以上進化したと考えられている。アカネ科やサクラソウ科のように筒状の花冠をもっている植物群で進化しやすいといわれているが (図2.10)，タデ科のソバ (図5.2参照) のように大きく開いた花冠をもつ植物にも見られる。

表　異花柱性で見られる同型内不和合性
花粉ではなく花粉親の遺伝子型で和合・不和合が決まるという意味では胞子体型自家不和合性であるが，対立遺伝子は2つしかない点，対立遺伝子が共優性ではなく優性—劣性関係にある点で他の胞子体型自家不和合性と大きく異なる。表で示したのは，異花柱性を支配する2対立遺伝子 (優性であるSと劣性であるs) が短花柱花 (T) でヘテロ，長花柱花 (P) でホモになっている場合である。短花柱花同士，長花柱花同士が不和合になるので，次世代の個体はSs, ssの遺伝子型が半分ずつとなる。

花粉親	花粉親	和合性
Ss (T)	ss (P)	○
ss (P)	Ss (T)	○
ss (P)	ss (P)	×
Ss (T)	Ss (T)	×

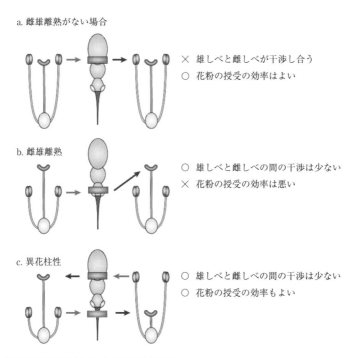

図　性機能間の干渉に基づいた異花柱性の説明
(a) 同じ高さの雌しべと雄しべをもっていれば，他個体との交配の効率はよいが，同じ個体や花の中で雌雄間の干渉が起こる。(b) 雄しべと雌しべの高さを変えると干渉は減るが，他個体との交配の効率が悪くなる。(c) 長花柱花（左）と短花柱花（右）とがあれば，雌雄の性機能間の干渉の回避と効率よい交配を両方実現できる。Barrett（2002）を改変。

2.4　雌雄間の干渉

　同じ花や花序，個体の中に雄機能（雄しべ）と雌機能（雌しべ）が同居する両性花をもつ植物や雌雄同株の植物では，自家受粉により他家受粉が妨げられることがある。これを**性機能間の干渉**（sexual interference）と呼ぶ（Barrett, 2002; Box 2.3 図）。自家和合性の植物であれば，自家花粉が柱頭につくと自殖由来の種子を生産することになるが，これは他家花粉による種子生産の機会を減らし，最終的に次世代，次次世代へと残る子孫の数を減らすことになりかねない。自家不和合性をもっていても，自分の花粉が柱頭につくことで，他個体

から運ばれてきた花粉が受粉できなくなるということが起こりうる。性機能間の干渉の考え方では，これは雄機能が雌機能を邪魔しているととらえられる。逆に，雌機能が雄機能を邪魔している例として，本来他個体へ運ばれるべき花粉が，自分の柱頭について散布される量が減ってしまうといったことが挙げられる（Barrett, 2002）。

両性花の中で葯と柱頭が空間的に離れているのはこの干渉を避けるためで，**雌雄離熟**（herkogamy）と呼ばれる。

一方，時間的に雄と雌を分けることで，性機能間の干渉を解消する仕組みを，**雌雄異熟**（dichogamy）と呼ぶ。柱頭が受粉可能になる状態が雌性期，葯が裂開し花粉が放出される時期が雄性期で，雌性期が先の場合を**雌性先熟**（protogyny），雄性期が先の場合を**雄性先熟**（protandry）とし区別する。ほとんどの場合，この順番は種によって決まっている。

雌雄異熟は，いろいろな時間的，空間的スケールで起こる。1 つの花の中で起こる場合でも，1 日の中に雄性期と雌性期両方がある場合もあれば，最初の1 日〜数日目は雄性期，その後は雌性期というように，日によって性が変わる場合もある。1 日の中で変化する場合はたいてい，個体内，個体群全体で雌雄の順番や入れ替わりのおおよそのタイミングが一致している。先に雄性期がある雄性先熟の場合，葯の裂開直後の雄性期の花を訪れた送粉者は大量の花粉をまぶしつけられ，その後の訪花時に同じ個体あるいは他の個体の雌性期の花に訪れては，花粉を柱頭に受粉させていくことになる。日によって性が変わる場合は，花序や個体全体を見れば，雌性期と雄性期両方の花が咲いていることが多い。そうであれば，同じ花の中での受粉は起こらなくても，同じ個体の別の花との間に受粉が起こりうる。このような，同一個体上の花の間の受粉を**隣花受粉**（geitonogamy）という。稀に，ウコギ科の多くの種のように，植物個体全体を見ても，雄性期の日と雌性期の日が分かれている種がある（Box 2.4）。このような種では，隣花受粉の確率もだいぶ低くなるだろう。

そのほか，サトイモ科などに見られる同じ花序の中の雄花と雌花がずれて開花するような現象や，同じ個体でも年によって雌雄の性が変化するような場合も雌雄異熟に含めることがある。

● Box 2.4 ●
ハリギリの雌雄異熟

　ハリギリ（*Kalopanax septemlobus*）はウコギ科の落葉高木で，夏に多数の散形花序をつける（図）。花は両性花だが，雌雄異熟性をもつ。開花直後は雄性期で蜜を分泌するが，雄性期が終わると蜜の分泌は止まり，花弁と雄しべは脱落する。数日後，再び蜜の分泌が始まり，雌しべが伸び，柱頭が2つに開いて雌性期が始まる。

　特徴的なのは，これが開花シーズン中に2回，個体全体で同調して起こるということだ（図）。1回目の開花では，花序の頂枝部分の花が雄性期―休止期―雌性期と変化し，頂枝の開花が終わった後しばらくして，側枝部分が雄性期―休止期―雌性期と変化する (Fujimori *et al*., 2006)。集団内では開花時期にばらつきがあるので，開花時期の一番最初と最後を除けば，雌雄両方が同時に開花している。

　このような開花パターンは同調性異熟とも呼ばれ，ヤツデ（*Fatsia japonica*），タカノツメ（*Gamblea innovans*）など，いろいろなウコギ科の植物で見られる。

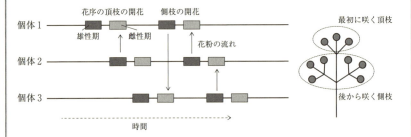

図　雌雄異株のようなハリギリの両性花
　（上）ハリギリでは，先に花序の頂枝部分が開花し，のちに側枝部分が開花する。それぞれの開花で，両性花の雄性期―休止期―雌性期という変化が個体全体で同調して起こる。開花期は個体の間でばらつき，雌性期と雄性期にある個体の間で交配できる。（下右）雄性期の花序。（下左）雌性期の花序。

2.5 なぜ両性花をもつのか

しかし，自殖や性機能間の干渉がさまざまな仕組みによって避けられるべきものであるならば，そもそもなぜ多くの種は同じ花の中に雌雄の機能を備えた両性花をもつのであろうか．その説明には，植物が固着性である（動けない）ということが鍵になる．雌雄両方の機能を備えていれば，同種他個体はすべて潜在的な配偶相手となりうるが，雄と雌どちらかの機能しかもたなくなってしまえば，同種の個体がいてもその個体と配偶できる確率は2分の1になってしまう．自ら動いて配偶相手を探すことができない植物にとって，潜在的配偶相手が半分になってしまうのは，大きなコストになる．

雌雄の機能を別々の花に分けた**雌雄同株**（monoecy），もしくはそれぞれの個体が雌花と雄花どちらかしかつけない**雌雄異株**（dioecy）の植物の場合，同じ花の中に雌しべと雄しべがあるわけではないので，柱頭に自分の花粉がつく確率は少なくなる．両性花と比べた場合の雌雄異株のデメリットは，送粉者が花1つだけ訪れてその植物を去った場合，花粉を受け取る雌機能と花粉を散布する雄機能のどちらかしか達成できないことである．両性花であれば，うまくいけば送粉者が花1つを訪れるだけで雌と雄両方の機能を果たすことができる．送粉者の訪花が繁殖の制限になっている場合には，やはり両性花が有利なのだ．被子植物のおよそ7割が両性花をもっていることの背景には，このような固着性生物特有の事情がある．その結果，常に自殖への誘惑にさらされている．

わたしたち人間を含め，多くの動物は1つの個体が雌雄どちらかの機能しかもたない雌雄異体なので，雌雄同体や植物の**性表現**（sexual expression）の多様性は奇妙に思えるかもしれない．しかし，動物の中にもカタツムリやミミズなど，いろいろなグループで雌雄同体が見られる．やはり，それらの動物の性のあり方は，配偶相手を見つける困難さと関係があると考えられている．

2.6 自殖と他殖を使い分ける

他殖に比べて劣っている点があるとしても，配偶相手の心配がなく送粉者を必要とせず確実に行うことのできる自殖は，固着性の植物にとっては重要な繁

殖手立ての1つである。植物は，自殖と他殖のオプションを巧妙に使い分けている。

　自殖を行うもっとも確実な方法は，送粉者の力を借りずに同じ花の中で受粉をすませてしまうことだろう。これを，**自動自家受粉**，**自動同花送粉**（autonomous self-pollination）などと呼ぶ。

　自動自家受粉をする植物の中には，つぼみのうちに，あるいは開花と同時に自分の花粉が柱頭についてしまうように，花の中で雄しべと雌しべが近接して配置されているものもある（たとえば分子遺伝学的研究のモデル植物となっているシロイヌナズナ *Arabidopsis thaliana*）。そのほかに，開花したときには雄しべと雌しべの位置が離れているが，花の寿命の終わりが近づくと雄しべと雌しべが接近して自家受粉が起こるように仕組まれている花もある（ツユクサ *Commelina communis*；オオイヌノフグリ *Veronica persica*，図2.4など）。他家花粉を受け取れなかったときにだけ自家花粉で種子を残そうと，自殖を他殖がうまくいかなかったときの保険にしているのだ。

　そのほかに，はじめから他殖の余地を残した花と完全に自殖用の花を別々につける植物もある（図2.5）。開かずに受粉されてしまう自殖用の花は**閉鎖花**（cleistogamous flower），それに対して通常の「開く」花を，**開放花**（chasmogamous flower）と呼ぶ。閉鎖花を作る身近な植物に，スミレの仲間（*Viola* spp.）がある。スミレは早春に花を咲き終えてしまうように見えるが，それは開放花だけの話で，その後も目立たない閉鎖花をつけ続けている。開放花と閉

図2.4　オオイヌノフグリの花の自動自家受粉
　（a）日中は花弁が大きく開き，雄しべと雌しべが離れている。（b）夕方開花の終了時に花弁が閉じ気味になって雌しべと雄しべの距離が短くなり，自家受粉が起こりやすくなる。

図 2.5　開放花と閉鎖花両方をつけたホトケノザ（*Lamium amplexicaule*）の花序
閉鎖花は開放花のつぼみのようにも見えるが，開放花のつぼみより細長く華奢である。筒状の花弁は開かずに脱落する。

鎖花は，他殖と自殖の違いだけではなく，スミレのように生産する季節を変える，もしくは開放花は地上につけるが閉鎖花は地下につけるなど，時間的，空間的な使い分けが見られることも多い。

2.7　植物の生態と自殖・他殖

　両性花をもつ植物でも，自家不和合性でまったく自殖を行わない（行えない）種から，ほとんどの種子生産を自殖によって行う植物までさまざまなものが存在する。自殖が主な花では，他殖を主に行う花より花粉数が少なく，送粉者を呼ぶための花弁も小さいことが多い。このばらつきはどのように考えればよいのであろうか。自殖と他殖をどれくらいの割合で行うのかは，植物それぞれの生き様と深くかかわっている。

　送粉者まかせの他家受粉は，成功率に大きなばらつきがありリスクが大きい。今年他家受粉に失敗しても来年うまくいったら今年の分も種子を作ろう，ということができるのであれば，他家受粉に賭けてもいいかもしれない。しかし，1年限りの，あるいは来年生きているかどうかわからない寿命の短い植物では，とにもかくにも種子を残すことが優先される。その結果，寿命の短い草本，とくに一年草や，環境の変化が早い撹乱地に適応したような植物は，自家

受粉で確実に種子を残そうとする傾向がある．先に紹介したように，自動自家受粉や閉鎖花はしばしば「雑草」と呼ばれるような身近な草本で多く見られるが，これは偶然ではない．反対に，長い間繰り返し繁殖でき，安定した環境に生育する樹木では自家不和合性が多い．他殖でも，何回もチャンスがあるのであれば確実に種子を残せるからである．長生きの植物では，病気などの脅威に対する手立てをもつことがより重要であることも関係するかもしれない．

2.8 自殖と他殖に関する調査法

2.8.1 袋がけ実験

自家和合性かどうか，送粉者がいなくても繁殖できるかどうかなどは，個体，花序，あるいは個花ごとで開花する前に袋をかけて送粉者（動物媒の場合）や空中花粉（風媒の場合）を排除し，調査者が柱頭につく花粉をコントロールすることで異なった処理を施し，その結果率の違いから確かめることができる（風媒の植物の場合の袋については第3章を参照のこと）．結果率がもっともよく使われる評価基準であるが，果実あたりの種子数や，種子になった胚珠の割合である**結実率**（seed set）も使われることがある．

よく行われる処理には以下のようなものがある（図2.6）．

A．**コントロール**

袋をかけずに放置する．あるいは，他の処理区と同じ時期に袋をかけておき，開花期間中のみ開放する．

B．**袋がけ**

開花前から開花が終わるまで袋をかけておく．

C．**自家受粉**

開花前に袋をかけておき，開花し柱頭が受粉できる状態のときに，同じ個体由来の花粉（自家花粉）を柱頭に受粉する．裂開した葯から出てきた花粉を細い筆の先にとって柱頭につけたり，葯を直接柱頭に接触させたりして受粉させる方法がある．葯の花粉は，開花後直ちに送粉者に持ち去られたり散らされたりしてなくなってしまうことも多い．そのような場合は，花粉をとるための花

も開花前に袋がけしておく。

D. 他家受粉

開花前に袋をかけておき，開花し柱頭が受粉できる状態のときに，他個体由来の花粉（他家花粉）を柱頭に受粉する。他個体であっても，自家不和合性の対立遺伝子が同型であれば受精しないこともある。また，花粉の遺伝的多様性が結果率に影響を与える例も知られている。そのようなことを考慮すれば，花粉親として複数個体を用意し，花粉を混ぜて使ったほうが安全である。また，柱頭の花粉の量が受精の効率に影響を与えることがあるので，花粉の絶対量が自家受粉，他家受粉で差がないよう，手順を揃える。

E. 除雄と袋がけ

葯が裂開する前に雄しべを取り除き（あるいは花粉が放出されないような処理を施した上で），開花期間が終わるまで袋をかけておく。

特別な器具を必要としない実験であるが，適切に行うためにはいくつかの点に気をつける必要がある。

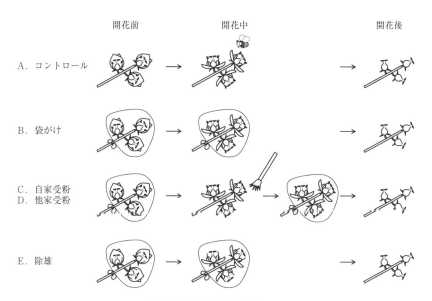

図2.6 袋がけ実験の模式図
説明は本文を参照のこと。

動物媒の植物の場合であれば，網で袋がけすることが多いが，小さな昆虫も排除できるよう十分に細かい目のものが望ましい。一方で，蒸れると植物が痛み，結実が妨げられたり，湿った重みで枝が折れたりすることがあるので，風通しがよく乾きやすい素材のものを選ぶ。袋がけ期間は，すべての袋で揃える必要がある。花粉が風によって散布される風媒の場合は，空中花粉を通さない耐水性の紙や不織布の袋を使う（第3章参照）。

袋がけは送粉を妨げるだけでなく，袋の中の葉の光合成を妨げたり種子食者などを排除したりすることにもなる。長くなればなるほど送粉以外の要因が実験結果に影響する可能性が高くなるので，袋がけ期間は最小限に留める。

受粉の効果による結果率を評価するためには，開花前につぼみの数を数えておき，開花後数週間経って初期の中絶が終了し，未成熟果実の数が安定した段階で比較するのがよい。果実の成長過程の後期には，虫害や母親植物の資源など送粉とは別の要因で中絶が起こることが多い。成熟してしまうと，種子・果実食者に食べられたり，散布されたりして数が減ってしまう。

これらの処理の結果から，以下のことがわかる。

- 除雄（E）と他家受粉処理（D）の比較……アポミクシスの有無

除雄で結実が見られた場合，それは受精を伴わない無性生殖による種子生産である**アポミクシス**（apomixis, Box 2.5）を意味する。結実が見られなかった場合には，アポミクシスを行っていない可能性が高い。ただし，個体が結実できない他の要因があったり（たとえば結実に必要な資源がない，気象条件によって果実が成長できなかった，虫害や病気など），袋がけが結実を妨げたりした可能性を排除できないため，結実にもっとも好条件だと考えられる他家受粉処理を行ってそこで結実を確認する。以降の実験結果の解釈は，アポミクシスがなかった場合のものである。

- 自家受粉（C）と他家受粉処理（D）の比較……自家不和合性の有無

他家受粉で結実するが，自家受粉では結実しないならば，その植物は自家不和合性である。自家受粉で結実するが，他家受粉より結果率が低い場合は部分的自家和合性と解釈される。自家不和合性の強さは，同種の個体間で異なることもある。

> **● Box 2.5 ●**
> **アポミクシス（無融合生殖）**
> 　一般的には受精や減数分裂を経ない生殖法をアポミクシスと呼ぶが，植物では狭義に受精を行わず，無性的に配偶体から新しい胞子体を作る生殖法のことをいう。減数分裂を経る場合も，経ない場合もある（清水，2001；鵜飼，2003）。
> 　顕花植物では，受精を経ずに種子が形成されることを指す。受精を伴わずに種子を作ることから無融合種子形成とも呼ばれる。受精を伴わない繁殖という点では種子以外の器官による無性生殖である栄養繁殖と同じであるが，顕花植物では種子が形成される場合のみにアポミクシスという言葉を使う。
> 　アポミクシスは顕花植物の40以上の科，400を超える種で知られており，顕花植物で何度も進化したと考えられている（Carman, 1997）。種子がどのような過程で無性的に作られるのかは分類群によって異なっている。シロバナタンポポ（*Taraxacum albidum*）やセイヨウタンポポ（*Taraxacum officinale*），ニガナ（*Ixeridium dentatum*，キク科），アカソ（*Boehmeria silvestrii*），コアカソ（*Boehmeria spicata*，イラクサ科）などで知られている。

- 袋がけ（B）と自家受粉処理（C）の比較……自動自家受粉の評価

　袋がけ処理区で結実があった場合，自家和合性があり，自家受粉が送粉者の助けを借りず自動的に起こることを意味する。網かけと自家受粉処理で結果率に差がなかった場合は，自動自家受粉は少なくとも実験で行った受粉処理と同じ程度の受粉をしていることになり，差が見られるのであれば，自動自家受粉は起こるもののその受粉効率は実験で行った受粉処理よりは低いことになる。

- 袋がけ（B），コントロール（A），他家受粉処理（D）の比較……結実に対する送粉者の効果の評価

　袋がけと他家受粉を比べて差があるのであれば，外部の力，つまり送粉によって結果率が上がる余地が増えることになる。実験の他家受粉処理がうまくいっていれば，コントロールの結果率は網かけ以上他家受粉以下になるはずである。コントロールの結果率が袋がけと同程度であれば，送粉者はあまり結実に貢献していないのかもしれない。逆に，他家受粉と同程度であれば，これ以上他家花粉の量が増えても結果率に影響しないほど，十分に送粉されていることがうかがえる（4.2節参照）。

稀に，袋がけをしたほうがコントロールより結果率が高いことがある。送粉者を含む植食者が花にダメージを与え結果率を下げている場合（Box 4.1 参照）にはそのようなことが起こりうる。

袋がけから自動自家受粉が明らかになった場合には，他家受粉処理の結実に自殖による種子が含まれている可能性がある。近交弱勢を調べる場合（2.8.4 項）には注意する。

2.8.2　実験デザイン

研究を行うときには，目的に応じて上記の処理のいくつかを選び，対象個体に施すことになる。1個体のすべての花に同じ処理を施すのか，1個体にすべての種類の処理を施すのか，後者の場合には処理区の配置をどのようにするかについて，それぞれの利点や欠点を知った上で決めたい。もちろん，対象種の花序の構造や花，花序数，実験に使える植物個体の数が大きな制約となる。

(1) 個体すべてに同じ処理を施すか，個体にすべての処理を施すか

花を対象とした操作実験では，個体上の一部の花に対し，比較する複数処理を施すことが多い（図 2.7b, c）。個体あたりの花数が多かったり開花期が長かったりすれば，すべての花に同じ処理を施すのは無理があるし，1個体1処理で十分な繰り返しを作るためには，実験に必要な個体数も多くなる。それぞれの花の遺伝的，あるいは環境要因による違いは個体レベルのものが大きいが，同じ個体上での比較には個体間の違いを考慮する必要がない，という利点もある。

逆に，個体上の花の数が少なければ，個体のすべての花に同じ処理を施す場合もある（図 2.7a）。この方法の利点は，異なる処理の花の間で資源の転流などを介した影響が生じないことだ。たとえば，同じ個体にコントロールと袋がけ処理の花があり，コントロールでは結実し，袋がけでは結実しなかったとしよう。この場合，コントロールでの結果率を「何もしなかったときの結果率」と考えるのは間違いかもしれない。なぜなら，袋がけをして結実しなかった分の資源がコントロールの花序に回された結果，「何もしなかったとき」より結果率が上がっている可能性が考えられるからだ。1個体1処理でも，すべての花

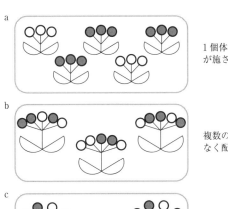

図2.7 実験で異なる処理を行う花の配置の例を模式的に示したもの
aでは，個体すべての花に同じ処理を施している。bとcでは，1個体に複数の処理が施されているが，bでは個体上に処理がランダムに配置されているのに対し，cでは個体上に対になるように配置されている。

に同じ処理をしなければ，似たような問題が生じうる。さらに厳密にいえば1個体1処理にしたとしても，生涯に何度も繁殖を行う植物の場合は，過去の繁殖履歴が実験の結果に影響を与えたり，実験が次回の繁殖にまで影響を及ぼしうる。ほとんどの植物種では，これらの問題を克服できるような実験デザインはほとんど不可能であるが，少なくともこれらのことを頭に置きながら実験の結果を解釈する必要がある。

(2) 処理区の配置

いうまでもなく，それぞれの処理を行う個体，花序，花は，処理以外の要因に関しては，できるだけ条件が違わないようにすべきである。個体ごとに異なる処理をする場合，同じ処理を施した個体が空間的に偏っていたり，あるいは個体サイズによって処理が異なっていたりすれば，出てきた実験結果が処理の違いによるものなのか，それとも環境や個体サイズの差によるものなのか，区別ができなくなる。

個体内で1つの処理に複数の花を用いる場合，処理間で処理以外の要因を揃えるには，各処理をランダムに配置する方法（図2.7b）のほか，異なる処理をセットにして配置する方法がある（図2.7c）。セットにした場合には，結果の比較が容易になる利点があるが，セットと見なせる花序が限られている場合には十分なサンプルを得られないかもしれない。

2.8.3　結果率の差の検定

処理の間で結果率に差が見られた場合，その差が処理の違いによって生じた差だといってよいのか，偶然生じた差なのかを考えるために使われるのが統計的な検定である。偶然生じる可能性が十分低ければ（生態学では5%より低いかどうかという基準が使われることが多い），それは意味のある差だと見なしてよいのではないかというわけである。

可能な操作やサンプル数が大きく限られることが多い生態学では，統計は重要な研究ツールである。近年コンピュータの能力の向上も相まって，多様な統計的手法を利用することができるようになったが，それらの基礎となる理論を理解し，適切に使いこなすことは容易ではない。本書では送粉生態学でよく使われる統計手法のごく一部の紹介に留めるが，生態学で使われる統計手法やその背景にある考え方については，さまざまな優れた本が出版されているのでそれらを参照されたい（粕谷，1998；久保，2012ほか）。

ここでは，結果率の評価に使うことのできる検定法を2つ紹介する。

(1) カイ二乗検定

結実した花の割合の差を調べる検定としてもっとも単純なものは，カイ二乗検定であろう。2つの処理のそれぞれについて，結実した花としなかった花の数がデータとしてある場合，それは2行2列の分割表として表すことができる。カイ二乗検定（独立性検定）では，異なる処理を施したサンプルの結果率が異なるかどうかを調べることができる。

異なる処理の結果率を2行2列の分割表として表し，その縦計・横計を次のように表したとき，

	処理1	処理2	計
結実	a	b	e
中絶	c	d	f
計	g	h	n

もし，処理1と処理2で結果率が変わらないのであれば，

	処理1	処理2	計
結実	$\frac{eg}{n}$	$\frac{eh}{n}$	e
中絶	$\frac{fg}{n}$	$\frac{fh}{n}$	f
計	g	h	n

になるはずである．この予測値と実際の値との差の2乗を予測値で割ったものの合計，

$$\frac{\left(a-\frac{eg}{n}\right)^2}{\frac{eg}{n}}+\frac{\left(b-\frac{eh}{n}\right)^2}{\frac{eh}{n}}+\frac{\left(c-\frac{fg}{n}\right)^2}{\frac{fg}{n}}\frac{\left(d-\frac{fh}{n}\right)^2}{\frac{fh}{n}}$$

は，近似的に自由度1のχ^2（カイ二乗）分布に従う．これに基づいて，予測値と実際の値に十分差があり，処理1，処理2の結果率には差がない，という帰無仮説を棄却できるか検討できる．

たとえば，

	処理1	処理2	計
結実	10	3	13
中絶	20	19	39
計	30	22	52

のとき，χ^2統計量は2.63となる．自由度1，有意水準0.05（5％）のχ^2値3.841より小さいので，帰無仮説を棄却できないことがわかる．

　カイ二乗検定の重要な前提の1つは，それぞれのサンプル（花）が互いに独立だということである．この前提は，たとえば同じ個体の花だけを実験に使っ

ていて，実験に使った花がその個体上にランダムに配置されている場合には当てはまる．しかし，もし1個体だけの結果からその種や個体群の性質について推定するのは乱暴だと考えるならば，複数個体について実験を行わなければならない．複数個体を実験に用いて，それぞれの個体から複数の花をサンプリングしている場合，それぞれのサンプル（花）が互いに独立だという前提は成り立たなくなる．同じ個体の花は環境要因や遺伝的要因を共有していて，違う個体の花より似た条件下にあると考えられるからだ．

(2) 一般化線形混合モデル（GLMM）

個体差など，違っているだろうけれど表現（測定）していない，あるいはできない効果を考慮に入れるためにしばしば使われるのが，一般化線形混合モデル（Generalized linear mixed model, GLMM）である．この方法を使えば，実験を複数個体で行った場合に，結果率が異なる処理の間で違うのかについて，個体間のばらつきを考慮に入れてモデルを作ることができる．ここでは処理が結果率にどのくらい差をもたらしているのかに注目しているので処理は説明変数として扱うが，個体差を知る必要はないためランダム効果として扱う．その上で，処理の効果を最尤法と呼ばれる方法で推定し，推定された処理の効果が0と異なるといえるかどうか，つまりばらつきを説明しているといえるかどうかを検定することになる．

表2.1 5個体の植物に2種類の処理の比較を施した仮想的な実験の結果
Rでの解析例に使ったデータセット（ex1）での変数名が（）内に示してある．

個体（ID）	処理（TR）	花数（FL）	結果数（FR）
A	T1	23	7
A	T2	25	4
B	T1	18	11
B	T2	16	5
C	T1	17	12
C	T2	18	8
D	T1	24	15
D	T2	34	16
E	T1	24	6
E	T2	17	5

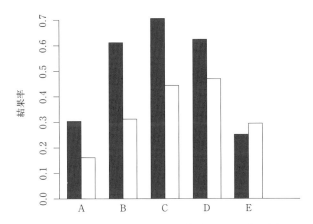

図 2.8 表 2.1 から結果率を計算し，個体・処理ごとに比べたもの
黒いバーが処理 T1，白抜きのバーが処理 T2 である。

　カイ二乗検定は手計算も可能であったが，GLMM の利用にはソフトウェアのお世話になることになる。オープンソース・フリーソフトウェアである R（R Core Team, 2013[1]）は生態学でもっともよく使われている統計ソフトの 1 つである。必要に応じてパッケージをインストールし，命令（コマンド）を入力したり，ファイルに保存されたプログラムを読み込んだりすることで，さまざまな統計解析やグラフ作成を行える。

　GLMM はカイ二乗検定と比べると複雑な統計手法であるためこれ以上説明しないが，生態学での GLMM の利用については日本語でもさまざまな教科書や記事で出版されているので，実際の応用についてはそれらを参考にされたい（久保，2012 ほか）。ここでは具体的なイメージをもってもらえるよう，R を用いた検定の例を示すに留める。

　表 2.1 は，A〜E の 5 個体の植物に T1 と T2 という 2 種類の処理の比較を施した実験の結果を示している。この実験で，処理によって結果率が変化したのかを検定したいとしよう。

　結果率（結果数を花数で割った値）を個体・処理ごとに比べてみると（図 2.8），個体間のばらつきがありそうだ。これを GLMM を用いて検定するのに

---

[1] R Core Team (2013) A Language and environment for statistical computing. http://www.r-project.org, 2015 年 5 月 13 日確認。

RのglmmMLというパッケージ（Broström and Holmberg, 2011）を利用する。

```
library ("glmmML")
ex1 <- read.csv ("ex1.csv", h=T)
glmmML (cbind (FR, FL-FR) ~ TR, data=ex1, family=binomial, cluster=ID)
```

1行目のコマンドでは，すでにインストールされているパッケージ glmmML を呼び出している。2行目では，データが保存されている ex1.csv というファイルを読み込む。3行目が GLMM を行っているコマンドである。cbind (FR, FL-FR) ~ TR では，結実した花の数（FR）と結実しなかった花の数（花数 FL から FR を引いたもの）を処理 TR で説明するという，この解析で仮定した関係を表現している。被説明変数は，結実したか，しないかの2値データなので，family=binomial で二項分布を指定する。最後の cluster=ID によって，ランダム効果として個体差を指定していることになる。

解析結果を見てみよう。

```
Call: glmmML (formula = cbind (FR, FL - FR) ~ TR, family = binomial, data
= ex1, cluster = ID)

              coef    se (coef)           z    Pr (>|z|)
(Intercept) -0.0461      0.3232      -0.1426      0.8870
TRT2        -0.6762      0.2944      -2.2968      0.0216

Scale parameter in mixing distribution: 0.5626 gaussian
Std. Error:                              0.2405

          LR p-value for H_0: sigma = 0: 0.001997

Residual deviance: 14.45 on 7 degrees of freedom    AIC: 20.45
```

TRT2から始まる行では，処理 TR の効果の推定値を示している。T1に比べた T2 の効果は -0.6762 と推定されており，負になっていることはほとんどの個体で T2 のほうが結果率が低くなっていることと対応している。この値は有意に0と異なっているといえるので（Pr (>|z|) が 0.0216，つまり本来は差がないのにこのような結果が出るのは 2.16% の確率でしか起こらない），処理が結実に違いをもたらしていると結論する。ランダム効果として入れた個体

ごとのばらつきの大きさは，その下の行に 0.5626 と示されている。

　このような仮説検定は，現在出版されている大部分の生態学論文で使われているが，不適切な使用が多いという批判もある (Johnson, 1999)。たとえば，処理間の差が統計的に有意であったということと，その差が生物学的，生態学的に重要な意味があるのかということとは別のことである。また，有意差が検出できなかったということは「差がない」と同義ではない。本当は差があるのに解析手法やサンプル数が適切でなかったために検出できていないのかもしれない。

　統計解析は，調査や実験が可能なサンプル数が限られ，また結果がさまざまな生物学的・非生物学的要因によって影響を受けやすい生態学の研究においては非常に重要なツールである。しかし，このツールを使いこなすのは結構難しく，筆者もしばしば悩まされている。

2.8.4　近交弱勢の定量

　自家受粉と他家受粉由来の種子の間で成長や生残に違いが見られれば，それは近交弱勢のためだと見なされる。上の実験の自家受粉，他家受粉処理から種子が得られれば，近交弱勢を定量的に評価できる。

　本来の近交弱勢の考え方からすれば，自殖由来，他殖由来の受精卵が最終的にどのくらい花粉親，種子親として子どもを残せたのかを測るべきであるが，近交弱勢の効果は種子から発芽の段階で顕著であると考えられており，また野外で残せた子どもの数を定量するのは非常に困難であることから，種子からの発芽や定着の段階までの生存率で近交弱勢を測ることが多い。

　近交弱勢は，受精後から種子の成熟までの過程でもはたらきうる。自家受粉による結実率や結果率が他家受粉より低い場合，母親による拒絶である自家不和合性（部分的自家和合性）のほかに，近交弱勢によって種子がうまく成長できないことによる可能性もある。

2.9 研究例

2.9.1 ボチョウジ属に見られる繁殖様式の変異

　北アメリカ大陸と南アメリカ大陸を結ぶパナマ地峡にあるバロ・コロラド島は，パナマ運河建設に伴ってできたガツン湖に浮かぶ $16\,km^2$ ほどの小さな島で，熱帯生態学においてもっとも多くの研究がなされてきた調査地の1つである。筆者は学位取得後，この調査地を管理するスミソニアン熱帯研究所で2年間研究する機会を得た。

　受入研究者であった S. Joseph Wright 氏に研究材料として勧められたのは，アカネ科ボチョウジ属（*Psychotria* spp.）であった。温帯では草本のイメージがあるアカネ科は，世界中の熱帯林の下層で，樹木の種多様性の大きな割合を占める1万種を超える大きなグループである。中でもボチョウジ属は，被子植物でもっとも大きい属の1つで，しばしば同じ熱帯林に多数の種が共存している。バロ・コロラド島には21種が生育しており，それらについてはすでに生理学特性や種子散布，島内での分布について詳細な研究がなされていたが，送粉については誰も調べていなかった。

　ボチョウジ属は低木で観察もしやすく，ほとんどの種でそれなりに個体数もあるので調査はできそうであった。ただ，花はどの種もアカネ科によく見られる白い筒状花で，送粉者を比べてもあまり面白い違いはありそうにない。さて，何を調べようと思っていたところ，種間で結果率に大きな差があることに気がついた。ほとんどの花が結実する種もあれば，わずかな花だけが結実する種もある。

　そこで，自然状態での結果率と，開花期に袋がけをして送粉者が訪れることができないようにした花序の結果率を比べると，きれいな対応関係があることがわかった。すなわち，結果率の高い種では袋をかけても結実したのに対し（図2.9中の○），自然状態で結果率の低い種は，袋をかけるとほとんど結実しなかった（図中の●）。この結果は，○の種は自家和合性で自動自家受粉しているが，●の種は自動自家受粉と自家和合性という性質のどちらか，あるいは両方が欠けていると考えると説明できる。さらに，○と●は，それぞれ異花柱性の種，単型の種に対応していることがわかった（Box 2.3，図2.10）。

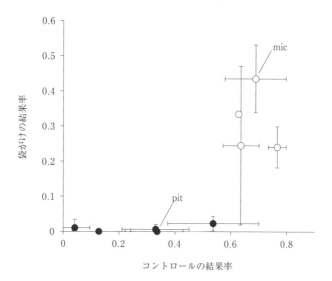

図 2.9 バロ・コロラド島のボチョウジ属 9 種のコントロールと袋がけ処理の結果率
○は袋がけをしても比較的高い結果率が見られた種、●は袋をかけるとほとんど結実しなかった種を示す。バーは標準偏差を示している。pit, mic は、それぞれ本文図 2.1 の結実期の写真にある *Psychotria pittieri*, *P. micrantha* の結果率。

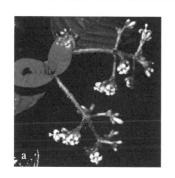

図 2.10 異花柱性をもつ花
Psychotria pittieri の (a) 長花柱花と (b) 短花柱花。

　この結果から筆者は、どのような要因が○と●の種の繁殖様式の違いをもたらしたのか、という研究テーマを定めてデータを集めた。送粉者相や送粉者の訪花頻度、個体密度との関係を調べた結果、個体密度と高い相関があることがわかった。おそらく、個体密度の低い種では同種他個体の花粉が運ばれる確率

が低いので，自家花粉でも結実できるよう自家不和合性や異花柱性を失い，自動自家受粉する仕組みを獲得したのであろう（Sakai and Wright, 2008）。

1つの属のみを対象とした研究ではあるが，低密度種は高密度種と異なる繁殖特性をもっていることを示し，熱帯林での植物の多様性の維持機構につながりうる結果だと考えている。

引用文献

Allen AM, Hiscock SJ (2008) Evolution and phylogeny of self-incompatibility systems in angiosperms. In: Vemonica E, Franklin-Tong. *Self-Incompatibility in Flowering Plants*. 73-101. Springer
Barrett SCH (2002) Sexual interference of the floral kind. *Heredity*, 88: 154-159
Barrett SCH (2013) The evolution of plant reproductive systems: how often are transitions irreversible? *Proceedings of the Royal Society B: Biological Sciences*, 280: 20130913
Broström G, Holmberg H (2011) Generalized linear models with clustered data: fixed and random effects models. *Computational Statistics & Data Analysis*, 55: 3123-3134
Carman JG (1997) Asynchronous expression of duplicate genes in angiosperms may cause apomixis, bispory, tetraspory, and polyembryony. *Biological Journal of the Linnean Society*, 61: 51-94
Ferrer MM, Good SV (2012) Self-sterility in flowering plants: preventing self-fertilization increases family diversification rates. *Annals of Botany*, 110: 535-553
Fujimori N, Samejima H, Kenta T, *et al.* (2006) Reproductive success and distance to conspecific adults in the sparsely distributed tree *Kalopanax pictus*. *Journal of Plant Research*, 119: 195-203
Johnson DH (1999) The insignificance of statistical significance testing. *The Journal of Wildlife Management*, 63: 763-772
粕谷英一（1998）生物学を学ぶ人のための統計のはなし：きみにも出せる有意差，文一総合出版
久保拓弥（2012）データ解析のための統計モデリング入門：一般化線形モデル・階層ベイズモデル・MCMC，岩波書店
日本生態学会 編（2012）生態学入門 第2版，東京化学同人
Plitmann U, Levin DA (1990) Breeding systems in the Polemoniaceae. *Plant Systematics and Evolution*, 170: 205-214
Sakai S, Wright SJ (2008) Reproductive ecology of 21 coexisting *Psychotoria* species (Rubiaceae): when is heterostyly lost? *Biological Journal of the Linnean Society*, 93: 125-134
清水建美（2001）植物用語事典，八坂書房
鵜飼保雄（2003）植物育種学，東京大学出版会

第 3 章　花粉の運び手を調べる

3.1　はじめに

　筆者の最初の研究は，ボルネオの熱帯林の暗い林床に 1 日 2, 3 個ずつ花を開くショウガ科の植物が，どんな動物に送粉されているのかを調べることだった。暗い林床の落ち葉の間に覗いた，気をつけていなければ見落としてしまうような小さな赤や黄色，白のスポットに，本当に送粉者がやってくるのか最初は半信半疑であったが，たいてい 30 分，長くて 2 時間も見ていれば，コシブトハナバチ（<u>Amegilla</u> spp.）やそれよりもひと回り小さいコハナバチ（<u>Nomia</u> spp. など），あるいは長い嘴をもったコクモカリドリ（<u>Arachnothera longirostra</u>）がどこからともなく現れ，花を訪れて蜜を吸い，白い花粉をまとって，どこかを目指して飛び去るのを観察することができた（図 3.1）。その驚くほどの忠実さ，確実さに対する驚きは，筆者を送粉生態学に夢中にさせるのには十分であった。いわんや，動物が花を訪れて自分では動くことのできない植物に代わり花粉媒介を担っていることを見つけた Kölreuter は（第 1 章参照），さぞかし自分の発見に興奮したに違いない。

　その密やかな植物と送粉者の関係は，植物の次世代の誕生として文字通り結実する。自家不和合性や雌雄異株の植物であれば，結実はすなわち誰かがどこからか花粉を運んできた動かぬ証拠である。では誰が？

　この隠された同盟関係を推理することは，現在ではそれ自体が研究の主たる目的となることは少ないかもしれないが，送粉生態学で一番楽しい調査なのではないかと思う。本章では，まず植物全体の送粉様式を概観し，送粉様式を明らかにする手法を説明していく。

図3.1 ボルネオ島のフタバガキ林林床にひっそりと咲くショウガ属（*Zingiber longipedunclatum*）の白い花と，今まさに花に訪れようとしている雌のコシブトハナバチ
後肢に，すでにたくさんの白い *Z. longipedunclatum* の花粉が集められている。

3.2 被子植物の多様化と送粉

　現在陸上で種数，バイオマスともに圧倒的に優占する被子植物は，今から1億数千年前に生じ，白亜紀の中後期にかけて当時陸上で繁栄していたシダ類，ソテツ類，針葉樹などと置き換わっていったと考えられている。被子植物の繁栄の理由については，効率的な水輸送や光合成能力などさまざまな仮説が提案されている（Augusto *et al.*, 2014で概説されている）が，その中に送粉様式で説明しようという仮説がある。それまで優占していたソテツ類や針葉樹は主に風によって花粉を散布する風媒だが，被子植物では昆虫などの動物を送粉者として採用しているからである。

　風媒では，送粉者への広告（花弁など）や報酬（花蜜や花粉など）が必要ない。同種個体が高い密度で開花している場合には，少ないコストで花粉の授受が達成できる。しかし，個体密度が低かったり，多数の植物種が同時に開花していたりする場合，風によって空中にばらまかれた花粉が偶然同種他個体の柱頭に付着する確率は低くなる。動物は種や個体によって好みが違い，好みの植物種を選んで訪れる。密度が低い植物では，動物のほうが効率よく花粉の授受を行えるのだ。被子植物では動物媒を採用することによって多種が同所的に共

存できるようになり，多様な環境に適応放散することが可能になったというのがその仮説の説明である（Friis *et al.*, 2011）。

　長く提唱されてきたこの仮説には，いろいろな反論もある。化石から送粉様式を推し量ることは非常に難しい。白亜紀初期に優占していた針葉樹やソテツ類については原生の種に風媒が多いのは確かであるが，当時の種について風媒が卓越していたという確固たる証拠はない。また，原生の裸子植物であるグネツム類やソテツ類にも動物媒が見られ（Kato and Inoue, 1994; Kono and Tobe, 2007），動物媒自体は，被子植物が進化する遥か前に進化していたことは確かなようだ（Friis *et al.*, 2011）。裸子植物で風媒の祖先から生じた萌芽的な動物媒における送粉者は，風媒植物の花粉や空中の花粉をとらえるために柱頭から分泌される受粉滴を食べにやってくる，双翅目や鞘翅目などの昆虫であったと考えられている。

　しかしながら，被子植物の花形質における進化や多様化は，訪花性の昆虫の進化や多様化と強く結びつきながら生じてきたことは間違いないであろう（加藤，1993; Friis *et al.*, 2011）。初期の被子植物は，すでに裸子植物の送粉者であった動物も利用しつつ，新しい送粉者を開拓していった。

　送粉者を視覚的に誘引する花弁や送粉者の報酬となる蜜を分泌する蜜腺は，白亜紀中期には現れていた（Friis *et al.*, 2011）。植物は花蜜を分泌することで，自身の交配に重要な花粉が送粉者への報酬として消費されるのを減じたのだと考えられている（Pellmyr, 2002）。蜜の発明はまた，吸蜜するのに適した口器をもった送粉者の進化を促した。この頃にはすでに，花の形質の多様化とそれに対応した送粉昆虫の多様化が起きていたと考えられている。

　白亜紀後期における植物の重要な発明の1つは，花弁の融合である。これにより植物は，さらに精緻に送粉者の訪花行動を制御することが可能になった（Friis *et al.*, 2011）。融合した花弁はやがて，蜜を花冠や距（さ）の奥に隠し，限られた動物だけに吸蜜を許す花（図3.2）を創り出した。植物—送粉者共生系進化史の最終段階であるハナバチ，チョウ，ガと植物の共進化の舞台を整えたのである。ハナバチの登場はまた，いろいろな分類群で放射相称からより複雑な左右相称への花の進化を促し，花形質のさらなる多様化の契機となった。

図 3.2 ツリフネソウ (*Impatiens textorii*) の花
　　　花冠の一部が距（きょ）と呼ばれる細長い筒状の構造（矢印）を作り，中に蜜をためる。送粉者だと考えられているトラマルハナバチ (*Bombus diversus*) のように，口吻の長い昆虫しか吸蜜できない。ただし，花冠に穴を開け吸蜜する盗蜜者もいる。

3.3　日本の植物の送粉様式

　これまでいろいろな植物について送粉様式が調べられてきた。この節では，日本の植物はどのような送粉様式をもつものが多いのか，どのような動物が送粉者となっているのか概観してみよう。図3.3は，田中（1997）に掲載されている日本の被子植物390種の送粉様式を分類し，それぞれの割合をグラフに示したものである。

A. 風媒

　約3割の種は，風によって送粉される。被子植物より原始的な裸子植物の多くが風媒であることを述べたが，被子植物では，おそらく送粉者不足や気候の変化のために，いったん獲得された動物媒が二次的に風媒に戻る進化が何度も起きたと推定されている（Culley *et al*., 2002）。日本で重要な風媒の被子植物として，ブナ科，カバノキ科，イネ科，カヤツリグサ科などが挙げられる。
　風媒の花では，花被片がなかったり痕跡的になったりしており，目立たないことが多い。動物媒より小さく平滑な表面をもつ花粉を大量に散布する。花粉

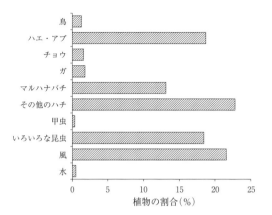

図 3.3　日本の植物 390 種の送粉様式
田中（1997）のデータに基づき筆者が送粉様式を分類した．動物媒については，主要な送粉者として挙げられている動物を鳥，双翅目（ハエ・アブ），昼行性の鱗翅目（チョウ），夜行性の鱗翅目（ガ），マルハナバチ，マルハナバチ以外の膜翅目（その他のハチ），鞘翅目（甲虫）にグループ分けし，それぞれに送粉される植物の割合を示している．主要な送粉者が 2 グループ以上の昆虫にまたがっている植物は「いろいろな昆虫」に含めた．

症の原因となるのは，ほとんどが風媒の植物である．柱頭は長く伸びていたり，羽状の構造をもっていたりして，空中花粉を効率的に捕捉できるようになっている．動物媒に比べて花粉散布距離が短いため，個体密度が高い植物で風媒が多い傾向がある．

B. 双翅目（ハエ・ハナアブなど）による送粉

日本では，訪花昆虫群集の中で最も高い多様性を示すのは，ハエやハナアブなどの双翅目昆虫である（図 3.4）．訪花性双翅目の多くは「舐める」のに都合のよい口器をもっており，花蜜が濃くて粘性が高くても舐めとることができる．早春に見られるツリアブ科のビロウドツリアブ（*Bombylius major*）など，長い口吻をもつものも見られる．ハナアブ科では，花蜜ばかりでなく，花粉も摂食する．幼虫の生態も多岐にわたり，ハナアブ科に限っても，水中でデトリタスを食べるもの，捕食性，植食性，菌食性などさまざまである．

C. ハナバチによる送粉

訪花昆虫群集でもっとも多い個体数を占めるのは，膜翅目のハナバチ類（ミツバチ *Apis* spp.，マルハナバチ *Bombus* spp. など）である．ハナバチは狩猟

図3.4　シシウド（*Angelica pubescens*）の花を訪れるいろいろなハエやハナアブ

性のハチから進化した。祖先が獲物を捕るのに使っていた産卵管由来の毒針は，今も護衛用として残っている（だから，刺すのは雌だけである）。成虫は花蜜，幼虫は花粉が主な食物源であり，生活史全体を花に依存している。成虫は幼虫のために花蜜を集めるので，自身の活動を維持するのに必要とされるよりもずっと多くの花を訪れる。体表は花粉がつきやすいよう柔らかな毛で覆われている。このような性質をもつハナバチは，植物にとっては非常に効率のよい送粉者となっている。ハナバチの中でも，とりわけ高い社会性を発達させたミツバチやマルハナバチは，日本のいろいろな場所の送粉者群集で高い割合を占めるばかりでなく，少なからぬ植物がハナバチに特殊化した花形質を進化させており，日本の送粉者相で特別な位置を占める。

　日本の訪花昆虫群集でしばしばそれを優占するニホンミツバチ（トウヨウミツバチの亜種，*Apis cerana japonica*）は，木の洞などに営巣する。5,000～20,000頭からなるコロニーを年を越えて維持し，よい花資源を見つけると，同じコロニーの仲間を動員することで効率的に花粉や蜜を集める。近年では都心など人の影響が大きい場所でもよく見られるようになり，人工構造物に巣を作ることも多くなった。ニホンミツバチが増えているのだとすれば，セイヨウミツバチ（*Apis mellifera*）を利用した養蜂の衰退もその一因かもしれない（佐々木，1999）。

図3.5　トラマルハナバチ
（左）アザミ（*Cirsium*）の花を訪れるトラマルハナバチ。体表にたくさんの花粉がついているのが見える。（右）地中に作られる巣の様子。

　訪花昆虫の中にセイヨウミツバチが混じることもあるが，セイヨウミツバチは天敵オオスズメバチ（*Vespa mandarinia*）が分布する日本では野生化しておらず，近隣の巣箱から飛来してきたものである。

　東南アジアの熱帯域にその多様性の中心があるミツバチの仲間に対し，冷温帯に分布の中心をもつのが，地中あるいは地表に営巣するマルハナバチの仲間である（図3.5）。春，越冬していた女王が単独で巣を創設し，働きバチを産む。コロニーは秋にかけて成長し，秋に女王と雄バチを生産すると解散する。コロニーは1年限りで，交尾を終えた新女王だけが越冬する。

　ミツバチと違い，マルハナバチは餌場所についてコロニーの仲間と情報交換はしない。コロニー全体としてはそのとき咲いているいろいろな植物を利用するが，それぞれの働きバチは特定の植物の花ばかり訪れる傾向がある。同じ植物種ばかり訪れる**定花性**（flower constancy）は，高い学習能力や記憶力とともにマルハナバチがとくに優れた送粉者だといわれる根拠となっている。マルハナバチは送粉生態学者にもっとも愛されている送粉者であり，マルハナバチとマルハナバチによって送粉される植物は，送粉者と植物の相互作用の研究において重要なモデル系となっている。

D. 花の上で繁殖する昆虫による送粉

　植物の中には，非常に多様な昆虫を利用する**ジェネラリスト**（generalist）か

ら，ごく限られたグループの数種あるいは1種のみに送粉されている**スペシャリスト**（specialist）まで，送粉者の多様性の幅には大きな変異がある．送粉者のほうも同様である．ジェネラリスト同士あるいはスペシャリストとジェネラリストの相互作用が多く，スペシャリスト同士の相互作用は稀であるとされているが（Bascompte and Jordano, 2007），その例外が，種子食者が送粉を担う送粉様式である．

　この送粉様式が知られているのは6つの植物分類群のみであるが，高度に特殊化した関係がどのように進化し維持されているのかが精力的に研究され，送粉生態学や生物種間の共生関係についての重要な知見をもたらしてきた．種子食者媒の植物は，熱帯，亜熱帯地域に多いが，イチジクコバチ（イチジクコバチ科の複数の属に分類される）に送粉されるイチジク属（*Ficus* spp.；横山・蘇，2001；横山，2008；Box 3.1）やハナホソガ（*Epicephala* spp.）媒のコミカンソウ科植物（カンコノキ属 *Glochidion* spp. など；川北，2008）のいくつかが，日本にも分布している．

● Box 3.1 ●
イチジク属の送粉の仕組み

　イチジクは「無花果」と書く．これは，イチジクの花序が袋状になっていて，その内側に花や実をつけるため，一見花を咲かせず，いきなり果実がなるように見えることに由来する．わたしたちが果物として認識しているのは，正確には「果実」ではなく，イチジクのみで使われる用語を使って「花嚢（果嚢）」と呼ばれる花序である．

　1つの花嚢の中には雌花と雄花がある．先に咲くのは雌花である．雌花が咲くと，雌のイチジクコバチが花粉を携えて花嚢の中にもぐりこみ（図中のa），雌花に受粉と産卵を行って（b）花嚢の中で死んでしまう．受粉された雌花の胚珠の一部は正常な種子として育つが，残りの胚珠は中でコバチの幼虫が成長するゴールとなる（c）．羽化した雄のコバチ（d）は交尾（e）後，花嚢の脱出口を開けると役割を終える．雌のコバチは，羽化した（f）タイミングで咲き始める雄花（g）から集めた花粉をもって花嚢を飛び出し，運よく産卵に適したステージの花嚢を見つけることができれば，中に入り産卵する．

　イチジクと，コミカンソウ科など他の種子食者に送粉される植物とで大きく違う点は，送粉者が受粉に使う花粉の由来にある．他の植物では，送粉者が受粉用に集

めるのは自分が羽化した個体とは限らず，花粉集めと産卵を繰り返し行う．それに対しイチジクでは，イチジクコバチは自分の育った花嚢で生涯ただ一度だけ花粉を集める．イチジク方式がうまくいくためには，送粉者の生育や開花のタイミングが精緻に調節されることが必要である．

それが原因かどうかはわからないが，イチジクとイチジクコバチの関係は，他の植物と種子捕食者の送粉者との関係に比べ，お互いへの特殊化が際立っているようにも思える．

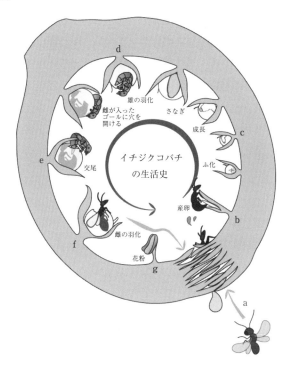

図　イチジクの送粉様式の模式図
　　本来は1つの花嚢の中の雌花のステージは揃っているが，ここでは説明のため異なったステージの花が描かれている．岡本朋子氏提供．

この送粉様式では，送粉者の雌個体が産卵のために花を訪れるときに受粉が起こる．胚珠の中で育つ幼虫の成長には受粉が必要なため，送粉者には花粉を柱頭になすりつける送粉行動や，花粉を運ぶためのポケットや毛など特殊な器

官が進化している。また，異なる植物種間で花粉を運んでしまうと胚珠がうまく成長せず，自分の産んだ卵も成長できないため，送粉者は特定の植物種に特殊化している。そのため，送粉者と植物が一対一で相互に強く依存し合っていることが多く，どちらかが絶滅するとそのパートナーも絶滅してしまう。このような関係を，**絶対送粉共生**（obligate pollination mutualism）と呼ぶ。

送粉者の幼虫が種子以外の花器官で育つ送粉様式は，より多くの植物分類群で知られている（酒井，2002）。日本でも，雄花上で繁殖するタマバエ（*Resseliella* spp.）によって送粉されるサネカズラ（*Kadsura japonica*），花序の上で繁殖するタロイモショウジョウバエ（*Colocasiomyia* spp.）によって送粉されるクワズイモ（*Alocasia odora*；高野（竹中），2012），苞葉内で繁殖するクロヒメハナカメムシ（*Orius atratus*）によって送粉されるオオバギ（*Macaranga tanarius*; Ishida *et al.*, 2009）などで見られる。種子捕食者によって送粉される系に比べるとこれらの系についての情報は断片的であるが，少なくとも植物の側は一種，あるいは数種の送粉者に強く依存しているスペシャリストである場合が多い。

3.4 送粉様式と送粉者の地理的変異

それぞれの送粉様式の重要性や送粉者相あるいは訪花者相は，場所によって異なっている。ここではいくつかの重要な地理的傾向を紹介する。

A. 風媒の分布

風媒の植物がとくに多いのは，風の通りやすいオープンな草原や，花粉が風に散布されやすい乾燥した環境である。緯度や標高が高いほど多いという傾向もある。逆に低地熱帯林では，皆無ではないが風媒の植物はごく限られている。湿度が高いこと，1年を通して葉が茂っていて風が通りにくいこと，植物の多様性が高くそれぞれの種の密度が低いことなどがその理由だと考えられている（Regal, 1982; Culley *et al.*, 2002）。

B. ハナバチの分布

ハナバチは，世界のいろいろな生態系でもっとも優占する送粉者である

(Proctor et al., 1996)。その中で，著しく発達した社会性を進化させたミツバチの仲間やハリナシバチの仲間（ハリナシバチ亜科）の分布の中心は，熱帯域にある。高度な社会性は，冬越しによって活動を中断する必要がない熱帯域でもっとも有利になることを反映しているのだろう。

ミツバチ属はアジア熱帯に分布の中心をもつグループだが，ミツバチ属9種のうち，ニホンミツバチを含むトウヨウミツバチとセイヨウミツバチのみが越冬する術を身につけ，分布を高緯度地域にまで広げた（佐々木，2000）。青森県の下北半島まで分布するニホンミツバチは，北限のトウヨウミツバチである（佐々木，2000）。セイヨウミツバチは，唯一アフリカ南部から欧州北部にまで大きく西に分布を広げた種である。現在では，南北アメリカ，オーストラリア，ニュージーランドなど，もともとミツバチ属が分布していなかった場所にも養蜂や農作物の受粉のために持ち込まれ，天敵のいない場所では野生化している（第5章参照）。

一方の越冬できないハリナシバチの分布は，熱帯域に限られる。ミツバチより多くの種を含んでいて，しばしば大きさや採餌戦略の異なる数種～数十種が共存する。

世界のハナバチを考えたとき，個体数で凌駕するのは巨大なコロニーを形成し広く世界中に分布するミツバチかもしれないが，その多様性の大部分を担うのは社会性をもたない，あるいはミツバチよりずっと規模の小さい社会を作るケブカハナバチ科，コハナバチ科，ヒメハナバチ科などのハナバチ達である。それらのグループの分布の中心は，地中での営巣に適した地中海性気候など中緯度域にある。

以上のことからハナバチ全体の種数を緯度に沿って見てみると，中緯度で高く，低緯度と高緯度で低い一山型の分布になる（Ollerton et al., 2006）。一方，訪花者に占める膜翅目昆虫の割合は，巨大なコロニーをもつミツバチやハリナシバチが繁栄する低緯度地域にいくにつれ，上昇する傾向がある（Ssymank et al., 2008）。

C. 双翅目

送粉昆虫，訪花昆虫として，膜翅目に次いで重要な双翅目の訪花昆虫群集における優占度には，高緯度になるほど高くなるという明確な緯度傾度がある

(Elberling and Olesen, 1999; Ssymank et al., 2008)。訪花性をもつ双翅目昆虫は，比較的湿度が高く温度の低い環境を好む。幼虫を育てるために花蜜や花粉を集めるハナバチと異なり，ハエやハナアブは少ない蜜しか提供しない花にも訪れるので，光合成量の少ない植物にはありがたい存在なのかもしれない。

　特定の双翅目昆虫のみによって送粉される植物はほとんど見られないが，目立った例外に南アフリカに見られる長い口吻（18～80 mm）をもつアブ科と，ツリアブモドキ科の種群に送粉される植物がある。南アフリカの植物のうち120もの種が，14種の長舌の双翅目送粉者1種～数種のみに送粉されている。それらの花は，長い花冠，左右相称性，鮮やかな花色をもつ傾向があり，送粉者を共有する植物間の花形質の収斂のわかりやすい例の1つとなっている（Goldblatt and Manning, 2000）。

D. 脊椎動物

　日本の温帯域では，鳥など脊椎動物によって送粉される植物はツバキ（*Camellia japonica*）など数えるほどである。しかし，低緯度にいくにつれ，日本でも琉球列島など熱帯に近づくにつれ，鳥，コウモリといった脊椎動物媒の重要性が増す。被子植物の進化史の中では，脊椎動物による送粉は比較的新しい。送粉される植物も，送粉者のほうも何度も進化している。それと対応し，地域によって関与する植物・送粉者相は異なっている（市野・堀田，1993）。

E. 送粉者群集の多様性

　よく知られているように，植物の種多様性には明確な緯度傾度があり，緯度が低くなるにつれ植物の種数は増えていく。これに対し，すでに述べたように，主要な送粉者のハナバチは中緯度，双翅目は高緯度で，その多様性はもっとも高くなる。それを反映して，植物の種数に対する送粉者の種数（送粉者の種類／植物の種類）は低緯度で低くなる傾向がある。植物，昆虫の種多様性が著しく高い熱帯では，植物と送粉者の関係はより特殊化しているのではないかと考えられがちであるが（Johnson and Steiner, 2000），定量的なデータでそれは支持されていない（Olesen and Jordano, 2002; Ollerton et al., 2006）。

F. 海洋島の送粉様式

　海洋島では大陸から定着できる動物が限られるので，訪花者相の多様性は著しく低い。とくに社会性のハナバチなど重要な送粉者が欠け，限られた単独性

のハナバチや双翅目昆虫が多くの植物を送粉するようになり，送粉者不足や物理環境を反映して風媒の植物が増える傾向がある（Abe, 2006）。トカゲによる送粉など，海洋島の特殊な環境下でのみ進化しうる送粉様式もある（Olesen and Valido, 2003）。

3.5 送粉様式の調査法

3.5.1 風による送粉の有無
(1) 花の形質の観察

ある植物の送粉様式を明らかにしようと考えたとき，まず問題になるのが，風による送粉があるかどうかである。風による送粉が絶対にないことを証明するのは難しいが，少なくとも主要な花粉散布の手段となっていないことを示すには以下のような花の形質に注目する。

A. 雄しべ，雌しべの位置

雄しべや雌しべが露出していない花では，花粉が空中に散布されたり，また雌しべが空中の花粉を捕捉したりするとは考えにくいので，風による送粉は考慮する必要がないだろう。

B. 花粉の粘着性

風により送粉される花の花粉はさらさらしており，花が揺れたり風が吹いたりすると簡単にこぼれ落ちる。これに対し，動物媒の花粉は粘着質で，揺らしたぐらいでこぼれ落ちることは少ない。風媒と動物媒の花粉では，表面彫刻の程度（風媒で乏しい）や，表面油脂の量，性質，花粉上での分布が違うことなどによっている（永益，1993）。

一方，花蜜の存在や送粉者誘引のためと思われる花弁の存在だけでは，必ずしも風媒を否定することはできない。動物媒と風媒の両方が機能している場合もあるからだ（3.6.1 項を参照）。上記の花の形質から風媒の可能性があると判断した場合，次の方法で風媒が機能しているか検討する。

(2) 空中花粉の確認

　風による花粉散布の条件の1つは，花粉が十分風によって運ばれることである。これを確認するためには，スライドガラスにワセリンを薄く塗布したものを野外に設置して空中花粉を捕捉し，ターゲットとしている植物の花粉が含まれているかどうか，顕微鏡下で観察する。

　花粉源となる植物や花からの距離を変えて設置することで，空中花粉が花粉源から離れるにつれどのように減衰していくのか見当をつけることができる。散布距離が短ければ，減衰は早い。また，光学顕微鏡下で花粉の種を区別するのは難しいことがあるが，花粉源から離れると花粉の密度が減っていれば，ターゲットの植物の花粉が観察できていることを確認できる。

　風向やその他の環境要因によって散布される方向に偏りがあるかもしれない。花粉源植物を中心に，直交した4方向に設置するなど，距離だけでなく方向も変える。花粉が散布されるべき場所は他個体の柱頭である。雌雄異株の植物の場合には，雌個体の柱頭付近にスライドガラスを設置することにも意味がある。

　風媒の花粉は，昼夜を問わず放出されるものも多い。スライドガラスの設置時間は捕捉された花粉の量を見て変えればよいが，少なくとも天気のよい昼夜24時間はカバーしておく。開花ピークに近い時期に行うべきことはいうまでもない。

(3) 袋がけ実験

　風媒の寄与を示すために，花を袋で覆い空中花粉と動物の訪花を両方遮断したとき，および動物の訪花のみを遮断したときの結実率を比較することがしばしば行われる。後者の処理だけでは，結実したとしても，袋がけの期間が適切でなかった，自動自家受粉やアポミクシス（Box 2.5 参照）によって結実した，といった可能性が否定できなくなる。

　実験では，以下のような処理が考えられる（図3.6）。

A．コントロール

　袋をかけずに放置する。あるいは，他の処理区と同じ時期に袋をかけてお

3.5 送粉様式の調査法　53

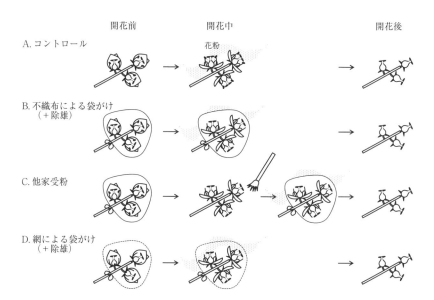

図3.6　風媒の有無を調べるための実験の模式図
コントロールの処理では，花序には袋をかけない。残りの処理では開花が始まる前に耐水紙や不織布（空中花粉を遮断），網（空中花粉は遮断しない）の袋をかける。袋がけ処理では，袋は開花が終了するまでかけたままにしておく。他家受粉処理では，開花中に他の個体の花粉（他家）で人工受粉を行う。

き，開花期間中のみ開放する。

B. 不織布による袋がけ

　空中花粉と動物の訪花両方を遮断するには，耐水性の紙や不織布の袋が使われることが多い。育種や研究用に「交配袋」として販売されているものもあるし，園芸店で果実保護用の紙袋を転用して使ったりもする（図3.7）。袋内での自家受粉で多数結果してしまうような場合には，雌雄同株であれば袋内の雄花を取り除く，両性花であれば除雄するなどの処理が，袋がけの前に必要である（図3.6）。

C. 不織布による袋がけと他家受粉

　空中花粉を遮断する袋は，動物のみを遮断する網の袋に比べて蒸れや花の傷みなどトラブルが起こりやすく，袋がけ自体が結実率を妨げていないか確認の処理も必要になる（図3.6）。袋をかけた後，開花期間中に（確実に結実させるために）他個体の花粉を使って人工的に受粉し，結実することを確かめる。

図3.7 交配袋を利用したコナラ（*Quercus serrata*）の袋がけ実験の様子
コナラは風媒なので，空中花粉を通さない和紙でできた交配用の袋を利用した。コナラでは，雌花序の近傍に雄花序がつくが，自家不和合性なので雄花の除去などはしていない。

D. 網による袋がけ

　動物の訪花の遮断には，風を通すが昆虫は通さない程度の目の網を使う（第2章も参照）。網をかけた花の一部を採集して昆虫が入り込んでいないか調べるなどして，アザミウマ（Box 3.2）など微小な昆虫が完全に遮断されているのかを確かめておいたほうがよい。もし，虫が完全に遮断できていなければ，それを踏まえて結果の解釈を行う必要がある。

　まず，AとCの比較で結実率に大きな差がなければ，あるいはCの結実率のほうが高ければ，袋がけ自体が花にダメージを与え，結実率に影響を及ぼしている可能性を否定できる。また，Bで結実がまったく見られなければ，結実には花粉が必要であること，処理によって受粉が完全に遮断できたことがわかる。実際にはBの処理でわずかに結実してしまうことも多い。とくに飛散しやすい風媒の花粉は，知らない間に混入してしまったりするからだろう。しかし，それがごく少数であれば，少なくとも風媒の寄与を推測するにあたっては問題ない。その上で，Bの不織布を網に変えたDで大幅に結実率の改善があれば，風が送粉に関与していることを確認できる。

　風媒が寄与している場合でも，たいていの場合，Dの結実率はAのコントロールよりは低くなる。網によって風や空中花粉が部分的に遮断されるからであ

● Box 3.2 ●
アザミウマ

　送粉者の調査では，花に訪れて採餌し，すぐに飛び去る比較的大型の訪花者だけに注目しがちである．意識して探そうと思わなければ，花や花序の中に隠れている微小な昆虫には気づかないことが多い．そんな訪花者の代表者がアザミウマである（図）．

　アザミウマとは，既知種およそ5,000種を含むアザミウマ目の昆虫の総称である．体長は1～2ミリ程度，花や新芽，花粉などを吸汁して摂食する植食者が多く，農業害虫としてよく知られている．アカメガシワの花序の中で優占している（3.6.1項）ように，自然生態系の花や花序では，探せば頻繁に見つかる常連である（Roubik et al., 2003）．花粉や他の器官を摂食する植食者や，花を訪れる他のアザミウマなどを食べる捕食性のものがいる．

　アザミウマの体サイズは一般的な動物媒の花粉を運ぶには小さすぎ，風に乗って長距離を移動しうるものの，自力での飛翔能力は限られている．アカメガシワでも個体数は多かったが，体表花粉のついていたものは少なかった．しかしながら，近年アザミウマによる送粉に特化した種，部分的にアザミウマが送粉に寄与している種がいろいろな植物群で報告されている．筆者は，アザミウマの送粉への寄与はこれまで想定されていたよりも大きいのではないかと考えている．

　アザミウマは，原始的な動物媒における重要な送粉者であったとも示唆されている（Peñalver et al., 2012）．見落とされやすいこと，種の同定が難しいことから，野生植物での研究は多くなく寄主特異性などもよくわかっていないが，植物と送粉者の関係を考える上で忘れてはならないグループの1つであろう．

図　オオバギ属の一種 *Macaranga winkleri* の苞の上のクダアザミウマ（*Dolichothrips fialae*）
　　このアザミウマは，オオバギ属の花序上でしか採集されておらず，オオバギ属に特殊化した種だと考えられている．オオバギ属の数種で主要な送粉者となっている．

る。しかし，もう1つ考えられる理由として，動物の訪花も送粉に寄与していて，網によって訪花が妨げられ結実率が下がった可能性がある。これを確かめるには，次に述べる動物による送粉の調査が必要である。

3.5.2 動物の送粉者の同定

動物が送粉に寄与するためには，花を訪れることに加えて花粉を体表につけること，再度同じ種の花を訪れた際に体表の花粉が柱頭につくような行動をとることが必要である。花を訪れる動物のうち何が重要な送粉者であるか確かめるためには，訪花頻度の定量，体表花粉の定量，訪花行動の観察によって行う。

(1) 訪花頻度の推定

ある植物がどのような動物によって送粉されているのかを調べるためには，まずどのような動物がどれくらい訪れるかを知る必要がある。調査対象とした花を一定時間観察し，訪れた動物を記録するのが基本的な方法である。訪花者が昆虫である場合，種を同定したり，体表花粉を観察したりするために，訪れた個体の少なくとも一部を採集する。

調査を開始する前に，調査対象植物の開花スケジュールや花の形質についてある程度把握しておく必要がある。とくに，開花や葯の裂開，柱頭の成熟（柱頭が花粉を受け取ることができるようになる），匂いの放出や蜜の分泌が1日のうちでいつ起こるのか，といったことは重要な情報である。花に存在する花粉の量が多いほど送粉者の花粉の持ち去り量も多くなり，受精可能な花粉のうち早く柱頭についた花粉ほど胚珠を受精させる確率が高い。開花直後，葯の裂開や柱頭の成熟直後にやってくる訪問者が一番重要な送粉者である可能性が高いのである。送粉にもっとも重要な時間帯を調べられるよう，調査時間を設定する必要がある。夕方〜夜に開花する場合にはもちろんであるが，昼間に開いた花が夜まで継続して咲いている場合には，夜間の訪花者の有無も確認することが望ましい。光によって訪花を妨げないよう注意する必要があるが，筆者の経験ではヘッドライト程度の光で訪花者に大きく影響を与えずに観察できることが多い。

訪花頻度が低い場合には長時間の観察が必要になるので，観察を始める前に

図 3.8　タイムラプスカメラを利用した観察の例
ハナミョウガ（*Alpinia japonica*）をレコロ IR7（キングジム）を使用して 1 秒間隔で撮影したところ，コマルハナバチ（*Bombus ardens*，矢印）が訪花していた。

動物が訪花している証拠を得ておいたほうがよい。花を訪れる動物がいるかどうかは，開花直後と咲き終わり間近の花を比べ，花の痛み方や葯の様子を調べるとわかることもある。中型，大型のハナバチなどは，訪花の際に花弁を爪でつかんだ際，花弁に跡を残すことがある。また，訪花者に触れられた葯では花粉が著しく減っていたり，散らされていたりする。

　稀な訪花者を観察するために，ビデオカメラやタイムラプスカメラ（インターバルレコーダー，一定の時間間隔で静止画を撮影する）を利用する方法もある（図 3.8）。ビデオカメラで連続撮影を行い，後で記録された映像を早回しで見ることにより時間を節約することができる。また，訪花行動を詳しく観察することにも適している。

　早送りでも訪花者を見落とさず，また，訪花者のおおよその分類群を特定するためには，1 個〜数個の花を接写することが必要になり，観察範囲は小さめになる。したがって，数多くの小型の花を比較的広い空間に咲かせる植物の観察には向かない。逆に，人がそばにいると警戒する鳥や哺乳類に送粉される花の観察にはメリットが大きい（ただし，あまり花の近くに置くと警戒する）。

　一般に販売されているビデオカメラは，それほど長時間の連続撮影は想定していない。長時間撮影には，映像を記録する記録媒体の容量のほか，最高容量のバッテリーでどれくらいの時間撮影できるか確かめておく必要がある。

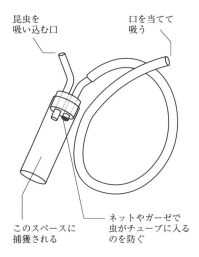

図 3.9 吸虫管の一例
2本の口の片方を咥えて息を吸い，もう片方の口から掃除機のように昆虫を瓶の中に吸い込む。そのほかにも，さまざまなタイプの吸虫管が考案されており，自作も可能である（馬場・平嶋，2000）。

　訪花が肉眼で観察しがたいほど小さい昆虫については，訪花頻度の代わりに花や花序での密度を調べることがある。花序に当てるように補虫網を振ると，花序にいた昆虫が網の中に入る。このような方法は，スウィーピング（すくい捕り）と呼ばれる。採集を行う花序のおおよそのサイズを揃え，同じ花序に対し3回網を振る，というように手順を決めておくと，花序に存在する昆虫の密度の個体変異や時間変化も相対的に評価できる。微小な昆虫の場合には，捕虫網の代わりに吸虫管（図3.9）を使用し，採集に費やす時間を決めて見つけ捕りする。
　もっと丁寧に花や花序上の小型の昆虫を採集するには，花序の一部をビニール袋に入れてから切り落として袋ごと持ち帰り，花序を解剖しながら袋の中の昆虫を調べるとよい。袋ごと冷凍庫に入れたり薬品を使ったりして昆虫を殺してから調べてもよいが，動いているときのほうが探しやすい。こちらも，花の数や花序の大きさを揃えて採集すれば，定量的な比較も可能である。

(2) 訪花昆虫の標本の作製と体表花粉の観察

　昆虫を採集し保管するのには，主に，種を同定し証拠標本として残す，体表についている花粉を観察する，という2つの目的がある。

　前者を目的とするならば，昆虫の分類群それぞれの標準的な方法（直接昆虫針を刺した，あるいは昆虫針を刺した台紙等に糊づけした乾燥標本が多い。小さく破損しやすいものは70%アルコールなどで液浸にしたり，プレパラートにマウントしたりする）で標本を作成し，採集者，場所，日時や採集した植物などの情報を入れたラベルをつけ，しかるべき場所に保管しなくてはならない（馬場・平嶋，2000）。場合によっては，その標本を専門家に送り，種名の同定を依頼する。

　同じ訪花頻度であっても，体表につく花粉の数が違えば，花から花へ運ばれる花粉の量もそれによって変化する。体表花粉のうち柱頭につく割合や他家花粉の比率（(5)参照）は訪花者によって大きく異なるが，それでも付着花粉の位置や量は，訪花者の送粉への貢献を評価するための基本情報として重要である。

　体表花粉の観察や定量のみを目的とした昆虫サンプルならば針に刺してある必要はないが，針に刺してあったほうが実体顕微鏡下での観察がしやすい。また，同定のためには液浸で保管する必要がある分類群であっても，液浸にすると体表から花粉が落ちてしまうため，液には入れない。液浸で保管する必要がある場合には，採集した訪花者のうち半分を標本作製用に，半分を体表花粉の調査用にと分けることもある。

(3) 訪花行動の観察と評価

　定量的評価はしにくいが，訪花者が頻繁に雌しべにも触れていることを確認することも重要である。たとえば，花粉を集めるハナバチは，雄しべには頻繁に触れ体表に大量の花粉をつけていても，雌しべにはほとんど触れていないかもしれない。動きの早い訪花者や小さい昆虫の詳しい観察には，ビデオの利用が有効なこともある。

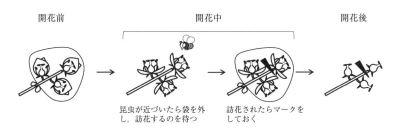

図3.10 送粉者の1回の訪花が結実にどれくらい寄与するかを評価する実験

(4) 1回訪花の送粉効率の推定

　労力はかかるが，もっと厳密に訪花者の送粉効率を比較する方法がある。

　まず，開花前の花に網で袋をかけておく。開花中，目的とした送粉者が近くにやってきたら袋を外して訪花するのを待ち，訪花が確認できたら再び袋をかぶせる。袋の中に複数の花が入っている場合には，印をつけるなどして訪花された花を区別できるようにしておく。そして，開花終了後，柱頭の花粉数（第4章参照）や結実率を調べるというものである（図3.10）。

　思ったように訪花してくれない場合もあり，多めに袋をかけておく必要があるが，袋の開け閉めに手間がかかるので多すぎても制御できない。また，袋をかけずに開放してある花が少ないと，そもそも送粉者がやってこないかもしれない（堂囿・日江井, 2000）。有効な実験を行うには，十分な予備観察が必要である。

　訪花されていない切り花を用意し，採餌中の送粉者に提示して訪花を促す方法もある。その場合は，結実は観察できないので，柱頭の花粉数で評価する。

(5) 外交配への寄与の推定

　訪花者の体表に花粉がたくさんついていたとしても，それがすべて訪れた植物個体の自家花粉であれば他殖には寄与し得ない。近年，花粉1粒の遺伝子型を調べることが可能になり（津村・陶山, 2012），体表についている花粉の多様性や由来がわかるようになった。これを利用して，花粉の組成から送粉への寄与を評価する研究も始まっている。

　先駆けとなったホオノキ（*Magnolia obovata*）の研究では，主要な訪花者であ

るマルハナバチ類とハナムグリ類，それより小型の甲虫について，体表花粉の遺伝的な組成を，マイクロサテライトマーカー（第4章参照）を用いて比較した．マルハナバチ類と小型甲虫の体表花粉の大半はそれらの昆虫を採集したホオノキ個体の自家花粉であったのに対し，ハナムグリ類の体表花粉は自家花粉の割合が低く，遺伝的組成も多様であった（Matsuki *et al.*, 2008）．

　訪花昆虫の行動を観察していると，飛翔能力が高く次から次へと花を訪れるマルハナバチ類のほうが，動きが遅く長時間同じ花に滞在しているハナムグリ類より多様な個体の花粉をつけているのではないかと思いがちである．上記はその予想を裏切る結果である．ホオノキは自家受粉でも種子ができるが，近交弱勢（第2章参照）のため成木まで成長できるものはほとんどいない．この研究から，ホオノキにとってはハナムグリ類がもっとも重要な送粉者だと考えられる．

3.6　研究例

3.6.1　アカメガシワの送粉様式

　トウダイグサ科のアカメガシワ属（*Mallotus* spp.）は東南アジア熱帯を中心に分布し，150種程度を含むグループである．典型的なパイオニア植物が多く，しばしば二次林や林縁で旺盛に生育しているのが観察される．日本には本州以西にアカメガシワ（*M. japonicus*）が市街地などに広く分布しているのに加え，琉球列島に他2種が分布している．

　雌雄異株であるアカメガシワ属の送粉様式については，大きく露出した柱頭などの花の形態的特徴（図3.11）から風媒ではないかと考えられることも多かったが，多数の昆虫の訪花も報告されていたことから，筆者らはアカメガシワにおける送粉様式を調査した（Yamasaki and Sakai, 2013）．

　紙袋をかけて空中花粉を遮断したところまったく結実せず，紙袋をかけて開花期に人工受粉を行ったところ結実が見られたことから，アポミクシス（第2章参照）による果実生産はしていないことが確認できた．

　風媒の可能性を検討するため，雄個体からの距離が 6, 12, 46, 97, 101 m の距離にある雌個体 J1, J2, J3, J4, J5 上に開花期間中の計3日間，2.6 cm×7.6

図 3.11 アカメガシワの雌花序（左）と雄花序（右）

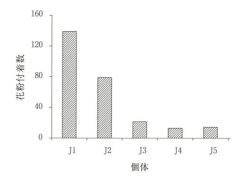

図 3.12 アカメガシワ雌株 5 個体に設置したスライドガラスについた花粉の数
　　　左側より雄からの距離が近い順に並べると，雄から近い個体ほどたくさん付着しているのがわかる。Yamasaki and Sakai（2013）より作成。

cm のスライドガラスにワセリンを塗ったものを花序近くに設置し，花粉が付着するかどうか調べた。24 時間あたり 13〜139 粒の花粉が付着しており，付着数は開花雄個体から遠いものほど少なくなる傾向があった（図 3.12）。また，花序に網をかけ訪花昆虫を遮断しても 2〜5 割ほどの結実率があり（図 3.13），

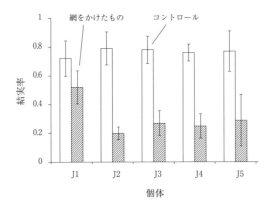

図 3.13 アカメガシワの袋がけ実験の結果
網で袋がけしても自然状態の 2.5〜7.5 割ほどは結実している。Yamasaki and Sakai（2013）より改変。

風媒が送粉に寄与していることが示唆された。

　一方でアカメガシワの雄花序は蜜を分泌しており，多様な分類群の昆虫が訪花していたので，昆虫媒についても検討した。まず雄株3個体，雌株5個体で，捕虫網を使った見つけ捕りと花序の採集による訪花昆虫の調査を行った。また雌株では，吸虫管を使った採集もした（表 3.1）。雌株での調査のほうにより多くの時間が割かれているのは，大量の花粉があり蜜を分泌する雄株に比べて，花粉もなく蜜もない雌株への訪花頻度が著しく低いためである。

　訪花昆虫相や訪花頻度の性差は，雌雄異株植物では珍しくない。アカメガシワにおいて，昆虫による送粉が機能しているかどうかを知るために重要な点は，雄株と雌株で共通した昆虫が訪花しているか，その共通の訪花者にアカメガシワの花粉がついているかどうかである。調査の結果，雌株では訪花頻度は低いものの，訪花昆虫相については雌雄間で大きな違いは見られなかった（表3.1）。また，雌株を訪れた膜翅目の訪花者にはアカメガシワの花粉が体表についており，雄花への訪花履歴があることがわかった（表 3.2）。

　以上の結果から，アカメガシワは風と動物の両方を花粉の授受に利用していると結論づけられた。Ambophily と呼ばれるこのような送粉様式を採用している植物は比較的少ない。風媒から虫媒，あるいはその逆の移行過程にある植物や，環境の予測性や安定性が低くいろいろな送粉手段をもっていたほうが有

表3.1 アカメガシワで採集された訪花昆虫

採集方法 訪花昆虫の分類群		植物	
目 上科		♀	♂
捕虫網による見つけ捕り（時間あたり）			
調査した植物の個体数		5	3
総採集時間（時間）		10	4
膜翅目			
	スズメバチ上科	0.8±0.6	1.8±1.9
	ミツバチ上科	0.6±0.9	3.3±1.3
	コバチ上科	0.1±0.2	0.3±0.6
	ハバチ上科	0.0	0.1±0.3
	ヒメバチ上科	0.2±0.4	0.4±0.8
双翅目		0.8±0.6	1.8±1.6
鱗翅目		0.1±0.2	0.0
吸虫管による見つけ捕り（時間あたり）			
調査した植物の個体数		5	0
総採集時間（時間）		5	0
アザミウマ目		8.4±4.0	—
双翅目		1.0±1.2	—
半翅目		0.8±0.8	—
鞘翅目		0.2±0.4	—
花序の採集（花序あたり）			
調査した植物の個体数		5	3
調査した花序数		25	3
アザミウマ目		1.0±0.5	18.3±9.0
双翅目		0.1±0.1	0.3±0.6
半翅目		0.1±0.3	8.0±5.0
鞘翅目		0.2±0.4	0.0

利な植物で観察される送粉様式だと考えられている（Culley *et al.*, 2002）。

3.6.2 ラベンダーの訪花者に見られる送粉効率の違い

　前項で紹介した研究のように，花を訪れた動物の送粉への寄与を訪花頻度から推測することが多い。しかし，送粉への寄与は頻度のほか，1回の訪花で受粉が起きる確率，付着する花粉の多寡，受粉される花粉の質（自家花粉か他家花粉かなど）によって大きく左右されるはずである。それは，動物の種や性などによって違うと考えられる。

　Herrera（1987）は，ラベンダーの1種であるシソ科植物（*Lavandula lati-*

表3.2 アカメガシワの雌花序で採集された訪花昆虫の体表花粉数の分布
−は花粉がついていなかったもの，＋は10粒未満の花粉，＋＋は10粒以上の花粉が付着していた個体の割合をそれぞれの分類群ごとに示した。Yamasaki and Sakai（2013）より改変。

訪花昆虫の分類群		体表花粉			調査個体数
目	上科	−	＋	＋＋	
アザミウマ目		0.82	0.18	0.00	57
膜翅目					
	スズメバチ上科	0.00	0.00	1.00	8
	ミツバチ上科	0.00	0.33	0.67	6
	コバチ上科	0.00	0.00	1.00	1
	ヒメバチ上科	0.00	1.00	0.00	3
双翅目		0.27	0.55	0.18	11
半翅目		0.50	0.38	0.13	8
鞘翅目		0.00	1.00	0.00	5
鱗翅目		0.00	1.00	0.00	1

folia）で，いろいろな訪花者の間でどれくらい送粉効率が違うのかを2年間にわたって調べた。*L. latifolia* の花は両性花で自家受粉でも結実するが，雄性先熟で自動自家受粉はほとんどしない。雄性期の間は柱頭が花筒の中に隠れており，雌性期になると雌しべが伸びて柱頭が露出し受粉できるようになる。結実するためには，雌性期に花粉をもった送粉者に訪れてもらうことが必要である。

Herrera（1987）は，*L. latifolia* に訪れた膜翅目，双翅目，鱗翅目のさまざまな昆虫を，大部分については種レベルで，数の多かったハキリバチ科の *Anthidium florentinum* では雌雄も区別して訪花の観察を行った。十分なデータをとることのできた34グループについては送粉効率を評価している。

Herrera（1987）は，まず5個体の植物を開花が始まる前に，動物が訪れられないよう1辺1mの網を張ったケージで覆っておいた。開花が始まってから1個体ずつケージを外し，昆虫が調査対象個体の花を1〜2個訪れたところでその昆虫を追い払った。訪れた昆虫を記録後，花を回収し，顕微鏡下で観察することで，それぞれの昆虫が訪花したときに柱頭に花粉がついた頻度（ここでは送粉効率と呼ぶ），および，ついた場合の花粉の個数を調べた。*L. latifolia* は，柱頭は青く花粉は黄色いため，花粉を染色しなくても（第4章参照）容易に柱頭上の花粉を認識することができた。

1回の訪花で受粉が起こる確率である送粉効率は，膜翅目のグループでは

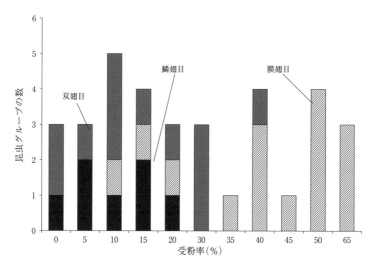

図 3.14 *Lavandula latifolia* の訪花者 34 グループの送粉効率（1 回の訪花で花粉が柱頭につく確率）の分布
Herrera (1987) 中の表をもとに筆者が作成した。「0」のカテゴリーには 0% 以上 5% 未満のグループが含まれている。

12.7～69.6%，双翅目で 11.4～24.3%，鱗翅目で 11.3～40.0% と，目の間でも，同じ目の中のグループの間でも，大きなばらつきがあった（図 3.14）。膜翅目の中でもっとも送粉効率の高かったのは，ハキリバチ科の *Anthidium florentinum*，もっとも低かったのは同じ科の *Anthidiellum breviusculum* であった。後者は花粉を求めて訪花する傾向が強く，雌性期の花を避けていたことが低い送粉効率の要因の 1 つである（表 3.3）。

受粉が起きた場合につく花粉数も，大きくばらついていた。しかし，*L. latifolia* の花あたりの胚珠数は 4 と小さく，十分に送粉されてもすべての胚珠が種子に成長するのは 3 割程度に過ぎないことから，花粉数は結実率に大きな影響を与えないであろうと推測している。

この研究は多数の訪花者グループについて，柱頭に花粉をつける確率から送粉効率を比較した先駆的研究であるが，欠けている点を挙げるとするならば，それは花粉の質であろう。*L. latifolia* では，交配相手との距離に依存した結実率の差（Box 3.3）はないが，他殖では 18% 前後ある結果率が自殖では 11% に

表 3.3 *Lavandula latifolia* を訪れたさまざまな昆虫の送粉への寄与

Herrera (1987) にデータが示されている 34 種群のうち、比較的サンプル数の多い一部を載せた。

目	科		送粉率[a]	送粉率を決める要因		花粉数[d]		移動距離 (cm)[e]
				雌性期の花の割合[b]	雌性期での送粉率[c]	平均	最小〜最大	
膜翅目								
ハキリバチ科	*Anthidium florentinum* ♂		50.0 (34)	55.9	84.2	17.6 (17)	3〜56	61±98 (144)
	♀		69.6 (56)	53.6	93.3	17.2 (39)	1〜85	23±40 (325)
ハキリバチ科	*Anthidiellum breviusculum*		12.7 (63)	20.6***M	61.5	10.4 (8)	3〜22	43±105 (124)
コシブトハナバチ科	*Ceratina* spp.		18.3 (82)	63.4**F	23.1	8.3 (15)	1〜26	49±85 (30)
ミツバチ科	セイヨウミツバチ		44.6 (148)	48.6	75.0	27.4 (66)	1〜130	21±34 (66)
双翅目								
クロバエ科	属未同定の 1 種		16.3 (49)	67.3*F	24.2	4.0 (8)	1〜15	—
ハナアブ科	*Eristalis tenax*		24.3 (7)	62.2*F	39.1	15.9 (9)	1〜65	32±57 (105)
ハナアブ科	*Volucella* spp.		18.6 (59)	57.6	32.4	11.4 (11)	1〜38	72±110 (214)
鱗翅目								
タテハチョウ科	*Fabriciana adippe*		30.7 (127)	40.2	56.9	8.2 (39)	1〜42	95±204 (134)
セセリチョウ科	*Hesperia comma*		11.3 (62)	38.7	25.0	14.0 (7)	1〜41	88±122 (105)
セセリチョウ科	*Thymelicus acteon*		17.4 (92)	51.1	27.7	9.7 (16)	1〜35	44±88 (81)

a. 訪花した花のうち、柱頭に花粉がついた割合 (%) および ( ) 内にサンプル数を示した。
b. 訪花した花のうち、雌性期の花の割合 (%) を示した。雌性期 (F) のうちも多くなっていたほうを示したものには、* ($p<0.05$)、** ($p<0.01$)、*** ($p<0.001$) を付し、雌性期 (M)・雌性期 (F) のうちも多くなっていたほうを示した。
c. 雌性期の花への訪花のうち、柱頭に花粉がついた割合 (%) を示した。
d. 柱頭に花粉のついた訪花について、柱頭についた花粉数の平均値および ( ) 内にサンプル数、最大値と最小値を示した。
e. 連続した訪花があった場合、その間の距離の平均値±標準偏差、および ( ) 内にサンプル数を示した。

> ● Box 3.3 ●
> ### 二親性の近交弱勢と遠交弱勢
>
> 　固着性の植物が移動するチャンスは花粉散布と種子散布であるが，両方のプロセスとも移動距離としてはそう長いものではない。その結果，自分の近傍にある個体は血縁個体で，遠くへ行けば行くほど遺伝的に遠くなるというような遺伝構造が生じる。
>
> 　そのような構造があるときにごく近傍の個体の花粉で他家受粉を行うと，少し離れた個体の花粉で受粉したときよりも結実率が低くなったり，生まれた子の生存率や繁殖力が下がったりすることがある。これは，親や兄弟など，血縁個体間の交配によって生じた近交弱勢のためであると考えられている。これを**二親性の近交弱勢**（biparental inbreeding depression）と呼び，自殖による近交弱勢と区別する。
>
> 　一方，稀にしか交配が起こらないような遠い個体との交配は，より近い個体との交配よりも結実率が低い，あるいは生まれた子の適応度が低いこともある。このような現象を，**遠交弱勢**（outbreeding depression）と呼ぶ。遠交弱勢は，1）ある場所では有利で選ばれて残ってきた遺伝子が，環境の異なる別の場所では不利になる，2）頻繁に交配する個体群の中では相性のよい遺伝子の組み合わせが残るが，交配していなかった個体群の間で交配が起こると相性の悪い遺伝子が組み合わされ結実率や生存率が下がる，という2つの仮説で説明されている。

下がり，部分的な自家不和合性がある。訪花者によって受粉する自家花粉・他家花粉の割合が違うのであれば，それも結実率に影響を与える。Herrera（1987）が研究を行った当時はできなかったが，現在であれば遺伝マーカーを使って花粉の組成の違いも含めて評価することも可能である。

　送粉生態学者は，限られた動物種にのみ訪花を許す「忠実な」植物を選んで研究する傾向があるかもしれない。関与する種が少ないほうが，調査や結果の解釈がしやすいからである。しかしながら，さまざまな動物の訪花を受ける「いい加減な」植物のほうが一般的であり（Waser *et al.*, 1996），それらは群集において植物と送粉者の共生関係の骨格をなす（Bascompte and Jordano, 2007）。多数の送粉者との関係がどのように維持され，植物にとってどのような意味をもつのかは，まだ研究が必要な視点であり，この研究の意義は色あせていない。

引用文献

Abe T (2006) Threatened pollination systems in native flora of the Ogasawara (Bonin) Islands. *Annals of Botany*, **98**: 317-334
Augusto L, Davies TJ, Delzon S, Schrijver A (2014) The enigma of the rise of angiosperms: can we untie the knot? *Ecology Letters*, **17**: 1326-1338
Bascompte J, Jordano P (2007) Plant-animal mutualistic networks: the architecture of biodiversity. *Annual Review of Ecology, Evolution, and Systematics*, **38**: 567-593
馬場金太郎・平嶋義宏 編 (2000) 昆虫採集学 新版，九州大学出版会
Culley TM, Weller SG, Sakai AK (2002) The evolution of wind pollination in angiosperms. *Trends in Ecology & Evolution*, **17**: 361-369
堂囿いくみ・日江井香弥子・鈴木和雄 (2000) マルハナバチが形づくる花のかたち：マルハナバチ送粉系における花形態の多様化，『共進化の生態学―生物間相互作用が織りなす多様性』（横山潤・堂囿いくみ 編）21-50，文一総合出版
Elberling H, Olesen JM (1999) The structure of a high latitude plant-flower visitor system: the dominance of flies. *Ecography*, **22**: 314-323
Friis EM, Crane PR, Pedersen KR (2011) *Early Flowers and Angiosperm Evolution*. Cambridge University Press
Goldblatt P, Manning JC (2000) The long-proboscid fly pollination system in southern Africa. *Annals of the Missouri Botanical Garden*, **87**: 146-170
Herrera CM (1987) Components of pollinator "Quality": comparative analysis of a diverse insect assemblage. *Oikos*, **50**: 79-90
市野隆雄・堀田満 (1993) 脊椎動物による送粉―バナナを例として，『花に引き寄せられる動物―植物と送粉者の共進化』（井上民二・加藤真 編）175-194，平凡社
Ishida C, Kono M, Sakai S (2009) A new pollination system: brood-site pollination by flower bugs in Macaranga (Euphorbiaceae). *Annals of Botany*, **103**: 39-44
Johnson SD, Steiner KE (2000) Generalization versus specialization in plant pollination systems. *Trends in Ecology & Evolution*, **15**: 140-143
Kato M, Inoue T (1994) Origin of insect pollination. *Nature*, **368**: 195
加藤真 (1993) 送粉者の出現とハナバチの進化，『花に引き寄せられる動物』（井上民二・加藤真 編）33-78，平凡社
川北篤 (2008) 奇跡の共進化 カンコノキ属における絶対送粉共生系の発見と進化史研究，『共進化の生態学：生物間相互作用が織りなす多様性』（横山潤・堂囿いくみ 編）127-150，文一総合出版
Kono M, Tobe H (2007) Is *Cycas revoluta* (Cycadaceae) wind-or insect-pollinated? *American Journal of Botany*, **94**: 847-855
Matsuki Y, Tateno R, Shibata M, Isagi Y (2008) Pollination efficiencies of flower-visiting insects as determined by direct genetic analysis of pollen origin. *American Journal of Botany*, **95**: 925-930
永益英敏 (1993) 花粉の形態とその進化，『昆虫を誘い寄せる戦略―植物の繁殖と共生』207-233，平凡社
Olesen JM, Jordano P (2002) Geogprahic patterns in plant-pollinator mutualistic networks. *Ecology*, **83**: 2416-2424
Olesen JM, Valido A (2003) Lizards as pollinators and seed dispersers: an island phenomenon. *Trends in Ecology & Evolution*, **18**: 177-181
Ollerton J, Johnson SD, Hingston AB (2006) Geographical variation in diversity and specificity of pollination systems. In: Ollerton J, Waser N (eds), *Plant-pollinator Interactions: From*

Specialization to Generalization, 283. University of Chicago Press
Pellmyr O (2002) Pollination by animals. In: Herrera CM, Pellmyr O (eds), *Plant-Animal Interactions, an Evolutionary Approach*. 157-184. Wiley-Blackwell
Peñalver E, Labandeira CC, Barrón E, *et al.* (2012) Thrips pollination of Mesozoic gymnosperms. *Proceedings of the National Academy of Sciences*, **109**: 8623-8628
Proctor M, Yeo P, Lack A (1996) *The Natural History of Pollination*. Timber Press
Regal PJ (1982) Pollination by wind and animals: ecology of geographic patterns. *Annual Review of Ecology and Systematics*, **13**: 497-524
Roubik DW, Sakai S, Gattesco F, *et al.* (2003) Canopy flowers and certainty: loose niches revisited. In: Basset Y, Kitching R, Miller S, Novotny V (eds), *Arthropods of Tropical Forests : Spatio-temporal Dynamics and Resource Use in the Canopy*. 360-368. Cambridge University Press
酒井章子 (2002) 熱帯林の多様な送粉共生系：花の上で繁殖する送粉者，日本生態学会誌，**52**: 177-187
佐々木正巳 (1999) ニホンミツバチ，海游舎
Ssymank A, Kearns CA, Pape T, Thompson FC (2008) Pollinating flies (Diptera): a major contribution to plant diversity and agricultural production. *Biodiversity*, **9**: 86-89
高野 (竹中) 宏平 (2012) サトイモ科植物とタロイモショウジョウバエの送粉共生，『種間関係の生物学：共生・寄生・捕食の新しい姿』(川北篤・奥山雄大 編) 195-216, 文一総合出版
田中肇 (1997) 花と昆虫がつくる自然花と昆虫がつくる自然，保育社
津村義彦・陶山佳久 編 (2012) 森の分子生態学，文一総合出版
Waser NM, Chittka L, Price MV, *et al.* (1996) Generalization in pollination systems, and why it matters. *Ecology*, **77**: 1043-1060
Yamasaki E, Sakai S (2013) Wind and insect pollination (ambophily) of *Mallotus* spp. (Euphorbiaceae) in tropical and temperate forests. *Australian Journal of Botany*, **61**: 60-66
横山潤 (2008) 絶対送粉共生系における共種分化過程の解析：イチジク属-イチジクコバチ類送粉共生系を例に，『共進化の生態学：生物間相互作用が織りなす多様性』(横山潤・堂囿いくみ 編) 109-123, 文一総合出版
横山潤・蘇知恵 (2001) 花のゆりかごと空飛ぶ花粉：イチジクとイチジクコバチの共進化，生命誌，**32**: 6-7

第4章　送粉の成功を測る

4.1　はじめに

　送粉生態学を最初に生物進化の目でとらえたのは，ダーウィンその人にほかならない。彼は，花に見られる外交配のための多様な仕組みを自然選択の揺るぎない証拠だと考え，さまざまな観察や実験を行った。彼が送粉生態学に出会っていなかったら，ダーウィンの進化論も違ったものになったかもしれない。

　送粉生態学の魅力の1つに，環境や形質による適応度の違いから生物の進化に迫りやすいという点がある。それぞれの花で花粉の授受が起こりうるのは，花が開花している1日〜数日の開花期に限られる。その期間は植物の一生から見るととても短く，開花期は肉眼で明瞭に認識できる。花の多くの器官は送粉に特化した機能をもち，送粉成功を主な選択圧として進化してきたと考えてよい。また，送粉がどのくらい成功したかは，自分の子をどのくらい残せるかという**繁殖成功度**（reproductive success）に直結している。

　そこでこの章では，送粉や繁殖の成功をどのように測ることができるのかについて，考えてみよう。

4.2　花粉制限

　植物にとって種子生産は多ければ多いほど望ましいはずだが，何が種子生産を制限しているのだろう。種子の成長は，胚珠内の卵細胞と花粉管内の精細胞の受精に始まり，母植物から成長に必要な資源を得ることで滞りなく進む。種子生産を制限する潜在的な要因は，胚珠，花粉，資源の3つである。

　これらの要因のうち，送粉生態学が注目するのは花粉である。送粉がうまくいかなければ，胚珠や資源はあっても種子生産ができないという状況に陥る。

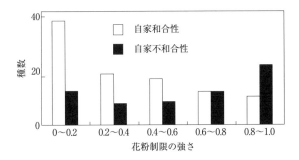

図 4.1　自家和合性と不和合性の種での花粉制限の強さの比較
　　花粉制限を調べた研究を集めて解析した結果，自家不和合性の種のほうが，より強く花粉制限を受けている傾向があった（Larson and Barrett, 2000）。ここでは，コントロールの結実率を，追加的に受粉したときの結実率で割り，1 からその値を引いたものを花粉制限の指数としている。このグラフでは種の頻度分布を単純に比較しているが，系統関係を考慮した解析（Box 4.1）でも同様の結果が支持されている。Larson and Barrett（2000）より改変。

　このような状況は**花粉制限**（pollen limitation）と呼ばれ，送粉がうまくいっているかどうかの 1 つの指標として研究されてきた。

　花粉制限の有無は，自然受粉している花の柱頭に追加的に花粉をつけ，種子生産量が上昇するかどうかを調べて判断する。このような実験を行った研究のおよそ 6 割が，花粉制限を報告している（Knight *et al.*, 2005）。花粉制限の強さは，種間や地域で異なる。自家受粉で花粉不足を補えない自家不和合性の植物は，和合性のものより花粉制限を受けやすい（図 4.1；Larson and Barrett, 2000）。また，植物の種多様性が高い場所で，より強い花粉制限があることが報告されている（Vamosi *et al.*, 2006）。

　複数回繁殖する植物の場合，花粉を追加したことにより種子生産が増えたとしても，その結果として次の繁殖機会に使える資源が減って種子生産量に影響する場合があり，花粉制限を過大に評価している可能性も考えられる。また，研究例の地理的なバイアスや，花粉制限が検出できなかった研究はできた研究より論文として報告されにくいという偏りもあるだろう。しかし，もしそうだとしても，かなりの植物で花粉不足により種子生産が制限されているということは間違いない。

　なぜこれほど花粉制限が普遍的であるのかについては，まだよくわかっていない送粉生態学における重要な問題の 1 つである（Harder and Aizen, 2010）。

たとえ，その植物個体群の更新が種子の数によって制限されていなかったとしても，個体間の競争ではより多くの種子を作ったほうが多くの子孫を残せるのだから，種子生産は多ければ多いほうがよい。理論的には，種子を作るための資源は余っているのに花粉が足りないという状況があるのならば，資源の一部を花弁などの広告や蜜などの報酬に回し，送粉者の訪花を増やして花粉不足を解消したほうがよい。

これまで示されている唯一の花粉制限に関する適応的な説明は，送粉や資源量の不確実性である（Burd, 2008）。送粉の成功は，送粉者，他種の植物，同種他個体や天候などに大きく左右され，場所や年，植物個体の間でばらつく。そのばらつきが大きいときには，平均的な場合に結実する数よりも多めに資源や

● Box 4.1 ●
系統の制約

異なる植物種を比較することで，複数の形質間の関係を探ることができる。たとえば図4.2にあるように，自家不和合性の種と和合性の種をたくさん集めてきて，それらの間で花粉制限に違いがあるかどうか検討するような場合である。

自家不和合性の種で花粉制限が大きいことを示すだけなら単純な比較でも十分な場合もあるが，3種以上の種について，比較によって形質の進化を問題にしたいときには，種間の系統関係を考慮する必要がある。種の間の系統的な関係のために，それらの種が独立なサンプルとは見なせないからである（図；粕谷, 1990）。そのため，系統的な関係を考慮に入れて種間比較を行う手法が開発され，それらを利用した解析が広く行われている。

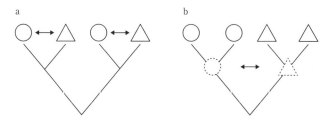

図　種間比較と系統関係
　○と△の2タイプの種が2種ずつあった場合，それらの種がaのような系統関係にあれば，○と△の間で少なくとも2回の変化が起きたことになる。bのような関係にあれば，変化は1回しか起きていない可能性が高い。十分な数の変化が起きていなければ，変化の傾向について検討できない。

胚珠を用意しておくほうが得策であることが理論的に示されている。

しかしながら一部の植物は，そのような理由では説明できないほど大きな花粉制限下にあるようだ。植物が進化的な平衡状態にあるという仮定が間違っているのかもしれない。何らかの人為的な撹乱が，植物と送粉者の関係に影響を与えた結果を見ている可能性も指摘されている（Vamosi et al., 2006）。

4.3　雌としての成功・雄としての成功

花粉制限下では，集団レベルで送粉がどれくらいうまくいっているのかを種子生産に基づいて評価できる。ただし，集団の中で個体ごとに送粉の成功を考える場合，種子生産では雌としての成功しか評価できない。

多くの植物は，花粉を受け取って種子を生産するという雌の機能と，花粉を他個体の柱頭に届けるという雄の機能の両方を備えた花をつける。この2つの機能がまったく違った選択を受けうることは容易に想像できる。花粉散布の評価は，種子生産や花粉の受け取りの評価よりも手間がかかることが多いが，送粉の成功がどのような選択圧としてはたらいているのかを理解するためには，雌としての成功ばかりではなく，雄としての成功である花粉散布も調べなければならない。

雌雄の機能の間に，片方を上げるともう片方が下がるというトレードオフ関係が見られることもある。トレードオフのメカニズムとして一番わかりやすいのは，資源の配分によるものであろう。限られた資源を，雄機能（雄しべなど花粉散布のための器官）と雌機能（雌しべや胚珠など）のどちらにどれだけ配分すれば個体としての適応度を最大化できるのかは，主に理論的な面から**性配分**（sex allocation）の問題として盛んに研究されてきた（Charnov, 1982; Campbell, 2000 ほか）。さまざまな花の形態形質と送粉成功の関係を調べた研究では，選択圧の方向や大きさは**雌機能と雄機能の間で大きく異なっている**ことが報告されている（4.5.1項）。

4.4 送粉成功の調査法

4.4.1 花粉制限

　花粉制限を調べるには，開花し自然に受粉している花に追加的に他家花粉を受粉し，コントロールと比較するのが一般的な方法である（図4.2）。処理区のデザインや結実の比較方法については，第2章を参照されたい。花粉追加の処理に代えて，袋がけした上での他家受粉処理（第2章参照）を行うことで花粉制限を評価することもあるが，袋がけによって植食者や送粉者の訪花のコスト（Box 4.2）の影響が異なる可能性は否定できない。このような問題を避けるために，2つの処理の違いはできるだけ小さくしたほうがよい。

　自然に開花している花に対して追加的な受粉を行う最適なタイミングを一般化していうのは難しい。確実に受粉するためには柱頭が受粉可能になった早い時期がよいが，受粉が花の送粉者への誘引性（匂い，報酬など）や寿命を変えてしまうこともあり，ケースバイケースである。

　第2章での実験と同様，実験のデザインや材料によって花粉制限を過大に評価する可能性があるので考慮しておく必要がある。たとえば，花粉追加処理に

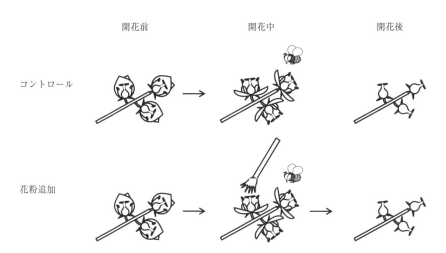

図4.2　花粉制限を調べるための実験
　　　コントロールと追加的に受粉したときの結実率を比較することで花粉制限を調べることができる。

● Box 4.2 ●
訪花は多ければ多いほどよいのか

　動物では，雄の繁殖成功度は交尾回数が増えれば増えるほど上がっていくものが多い．反対に雌では産仔数に上限があるため交尾による利益は頭打ちである．交尾には，採餌時間を奪われる，捕食される機会を増やす，体が傷つくなどのコストがあることから，交尾回数が増えると生存率が下がる場合もよく知られている．このような交尾回数と繁殖成功度の関係の雌雄の違いが，交尾行動における雌雄のコンフリクトの原因となっている．

　一方，送粉においては，盗蜜者など送粉に寄与しない訪花者が結実に与える影響は研究されているものの，送粉者の訪花のコストは種子食者によって送粉される特殊な植物を除き，ほとんど注目されてこなかった．イチジクコバチなど種子食者によって送粉される植物（第3章参照）では，送粉者の訪花のコストは捕食される種子数に比例するので，コストが見えやすく調べやすい．しかし，それ以外については，送粉者の訪花のコストを定量した研究はほとんどない．

　Morris *et al.* (2010) は，送粉者による訪花のコストをもたらしうる要因として，1) 蜜など報酬の消費，2) 花器官の損傷，3) 先に訪れた送粉者によって柱頭に運ばれた花粉の除去，4) 過剰な数の花粉が柱頭に運ばれて花粉管の間で競争が激化することによる受精する胚珠の減少，5) 送粉者が媒介する病気への感染，6) 送粉者が運ぶ酵母が花蜜で増殖して起こる蜜の質の劣化，を挙げている．

　これまでのほとんどの理論研究では，雌を通じた繁殖成功度は，訪花回数に対して頭打ちになると仮定している．もし，訪花回数が増えすぎると雌の繁殖成功度が訪花回数に対し下がっていくならば，結論は違ったものになるかもしれない．花粉制限についても，不確実性とは別の説明が可能である．送粉者の訪花のコストはどれくらいなのか，どんな要因が重要なコストとなっているのかは，植物と送粉者の関係についての見方を変えうる研究テーマかもしれない．

よって結実量が増えたように見えても，実際にはその処理が次の年の繁殖に使える資源を減らしているかもしれない．1年限りの調査では，そのような影響はわからない．植物個体の中で少ない数の花に花粉追加を行った場合に結実率が著しく上昇したとしても，同じ処理をその個体のすべての花に施した場合には結実率の上昇はわずかかもしれない．花粉が十分あったとしても，資源が十分あるとは限らないからだ．

　生涯に2回以上繁殖する植物でこれらの問題を回避するには，連続した開花

において同じ処理を同一個体上のすべての花に施すことが考えられるが、そこまで行っている研究はほとんどない (Knight *et al.*, 2005)。

4.4.2 雌としての送粉成功

結実は、送粉者が訪れて柱頭に花粉をつけ、花粉管が伸びて胚珠に届いて受精が起こり、種子が成長する、という過程を経る。柱頭に付着した花粉、伸長した花粉数、結実した果実や種子、という各段階での評価が可能である。

(1) 柱頭の花粉数

柱頭の花粉数は、植物種によっては実体顕微鏡下で観察可能である（3.6.2項の研究例など）。必要に応じて柱頭の解剖や染色を行う。Kearns and Inoue (1993) は、柱頭上の花粉の観察にグリセリンゼリーを用いる方法を紹介している。

グリセリンゼリーは、蒸留水 175 cc にゼラチン 50 g を入れ、加熱して溶かした後、グリセリン 150 cc と結晶フェノール 5 g（長期保存が必要なければ不要）を加え、塩基性フクシンやゲンチアナ・バイオレットなどの染色剤で色をつけて調整する。材料によって染まり具合が違うので、染色剤の量は適宜調節する。

スライドグラスにグリセリンゼリー少量を落としたものを野外に持っていき、観察したい柱頭をグリセリンゼリーの上に載せる。携帯ライターなどでスライドグラスを温めるとゼリーが溶けるので、カバーグラスで封入し持ち帰って光学顕微鏡で観察する。時間が経つと柱頭が柔らかくなるので、観察時必要に応じてカバーグラスを圧迫し、柱頭を押しつぶす。

多量の花粉がついている場合には、スライドグラス 3 ヶ所にグリセリンゼリーを落としておき、柱頭上の花粉を 1 つ目、2 つ目のゼリーに付着させる。3 つ目のゼリーで、もう柱頭上に花粉が残っていないことを確認する。この方法は、花粉管が伸びて柱頭から花粉が外れない状態になってしまうと使えないので、受粉後間もない時間に行う必要がある。

柱頭上の花粉を観察する方法は、受粉後すぐでき簡便であるが、自家花粉と他家花粉を区別していないという欠点がある。柱頭上のほとんどの花粉が種子

生産に邪魔になる自家花粉ばかり，というようなこともありうる．結実に無効な受粉を除いて評価するには花粉管の伸長や結実率を調べることが多いが，その説明の前に，材料にひと工夫した方法を紹介しよう．

1つは花粉のダミーとして，蛍光パウダーを使用する方法である（Campbell, 1989）．開花前，花粉親候補の一部の個体の葯に，蛍光パウダーを花粉の代わりに載せておく．開花後，花粉の受け取りを調べたい個体の柱頭にブラックライトを当て，蛍光パウダーの数を調べる．集団中で，その日咲いた花粉親候補の花の全花粉量と，蛍光パウダーの量の比が推定できれば，花粉受け取りの絶対量を推定できる．花粉受け取りの個体間比較ならば，蛍光パウダーの数の比較だけで間に合う．花粉親候補の個体ごとに違う色のパウダーを使うと，色の数だけ花粉親を識別でき，複数の個体について花粉の受け取りばかりでなく花粉散布を調べることもできる（花粉散布については 4.4.3 項を，研究例については 4.5.1 項を参照）．

この方法の難点は，蛍光パウダーを葯に載せる手間がかかり実際に使えるのは限られた植物種であること，蛍光パウダーの移動が花粉の移動と同じと見なせるかどうかに問題が残ることである．しかしながら，結果がすぐにわかること，特別な薬品や装置が必要ないといった利点もあり，遺伝子型解析が一般的になってきた現在でも役に立つ方法であろう．

2つ目は，花粉の色や形態の多型を用いて，自家花粉と他家花粉，あるいは適合花粉（受精可能な花粉）と不適合花粉（受精できない花粉）を区別する方法である．Harder and Thomson（1989）は，花粉の色に2型のあるカタクリ（*Erythronium grandiflorum*）を使って花粉散布を調べている．黄色の花粉ばかりの集団に赤い花粉をもつ花を持ち込み，赤い花粉をもつ花を訪れたマルハナバチが，その後訪れた花の柱頭に赤い花粉をつける様子を観察している．

花粉の色の多型がある植物は稀だが，異花柱性（Box 2.5 参照）をもつ植物では，花柱の長さの多型と対応した花粉サイズの多型が見られるものがある．花粉サイズの違いを利用して，適合花粉と自家花粉を含む不適合花粉を区別した研究は，日本の植物ではサクラソウ（*Primura sieboldii*; Ishihama *et al.*, 2006），シロバナサクラタデ（*Persicaria japonica*; Nishihiro and Washitani, 1998）などで行われている．

(2) 花粉管の数

　前項で述べたように，柱頭上の全花粉数よりも，その中で受精可能な花粉数のほうが，雌としての成功の指標として適切である．受精可能な花粉とは，自家不和合性の植物（第2章参照）では他家花粉，より厳密にいえば，受精可能な遺伝子型をもつ個体の花粉ということになる．

　自家不和合性をもつ植物では，他家花粉は発芽しなかったり，花粉管の伸長が途中で止まったりする．これを利用して自家花粉と他家花粉を区別し，結実に有効な花粉をどのくらい受粉したのか調べることができる．花粉管を観察するには，試料の固定，軟化（試料が小さく柔らかい場合には必要ないこともある），洗浄，染色の処理を行う．

　花粉管伸長の観察にもっともよく使われるのが，アニリンブルー染色法である（Kearns and Inoue, 1993；図5.10も参照）．アニリンブルーは花粉管の細胞壁の主成分の1つであるカロースと特異的に結合し蛍光を発するので，落射蛍光顕微鏡下で花粉管を観察できる．以下に処理方法の例を紹介する．

　観察のための試料（柱頭，花柱，子房）は固定液に浸して，それ以上の花粉管の伸長を止める．固定液には，FAA，エタノールと酢酸の3：1（体積比）混合液，70％エタノールなどが使われる．FAAで固定したものは，24～36時間後に70％エタノールに移す．FAAは，ホルマリン，酢酸，70％エタノールを1：1：18の比で混合したもので，エタノールにホルマリンと酢酸を加えて調整する．組織に速やかに浸透しタンパク質を架橋して分解を止めるため，植物組織の固定に頻用されているが，ホルマリンからは毒性のあるホルムアルデヒドを含有した蒸気が発生するため扱いには注意が必要である．

　固定の後，水酸化ナトリウム溶液に試料をつけて軟化させる．柔らかく小さい試料であれば，1Nの溶液に室温で1時間浸しておけば十分であるが，固く大きな試料の場合，濃度や温度を上げたり，時間を伸ばしたりする必要がある．

　その後，試料を水で洗浄し，室温で2時間～1晩染色液につける．染色液には，0.1Mリン酸2カリウムあるいはリン酸3カリウム溶液に0.1％のアニリンブルーを溶かして1時間以上置いたものを使う．染色液は光が当たらないよう保管する．

　試料をスライドグラスに載せ，カバーグラスをかぶせて丁寧に試料を押しつ

ぶす．観察の際の水分の蒸発を防ぐため，あらかじめ染色液にグリセリンを混ぜておいたり，カバーガラスをかぶせる際にワセリンで封入したりする．

蛍光顕微鏡を必要としない染色法もいくつか考案されている（Kearns and Inoue, 1993）．Levin（1990）は，ハナシノブ科の *Phlox drummondii* の花粉管を調べるため，雌しべをエタノールと酢酸の3：1混合液に24時間浸し固定し，1％塩基性フクシンと1％ファストグリーンの4：1混合液に24時間浸して染色した．乳酸に12時間浸して軟化した後，押しつぶして観察している．この方法では，花粉管は栗色に染まって見える．ほかに酸性の0.1％アニリンブルー溶液と酢酸カーミン溶液で染色する方法（Cruzan, 1989）なども使われている．

いずれの方法においても，植物種によって染色のされ方や軟化しやすさが違うので，予備実験により目的に適した条件を検討する必要がある．花粉管ではない部分も染色されてしまうこともあるため，観察にも習熟が必要である．

（3）結実率

もっと繁殖成功度に近い雌としての送粉成功の評価は，種子生産量である．ここでは花や胚珠の数による適応度のばらつきより，送粉成功の違いによるばらつきに興味があるので，結果率や結実率が意味のある指標になる．

自殖と他殖両方を行う植物では，雌としての送粉成功を評価することが難しい場合も出てくる．自家受粉が他殖種子の生産を妨げたりするような自殖と他殖の間の干渉があったり，自殖花粉由来の種子，子の生存率や繁殖力が他殖のものより低かったりすれば，自殖と他殖両方を同じように評価はできない．

自殖由来の果実・種子と他殖のものでは，大きさ，発芽率などに違いがあることがあり，それを使うと間接的にではあるが自殖と他殖の比率を推定できる．また，最近では，中立な遺伝マーカーによって親子関係を特定することが比較的簡単にできるようになった．十分な遺伝子座と多型があれば，高い精度で自殖種子と他殖種子を区別できる．

送粉生態学でもっともよく使われている遺伝マーカーは，マイクロサテライト（microsatellite）あるいはSSR（Simple Sequence Repeat）と呼ばれるものである（津村・陶山，2012）．ゲノム上に多数存在する短い配列（多くは2塩基）

が数回～数十回繰り返された部位で，ほとんどが中立的である。

マイクロサテライトは突然変異率が高い，多くの多型が見られる，共優性であるなど，血縁関係を推定するのに都合がよい性質を備えている。現在では，送粉に限らず，種子散布，遺伝構造，クローンの識別など，植物生態学全般において重要なツールになっている。

マイクロサテライトマーカーを用いた分析については，津村・陶山（2012）など日本語でも優れた参考書があるのでそちらを参考にされたい。

4.4.3 雄としての送粉成功

花粉としての種子生産あるいは次世代への寄与は，花粉が花から外に持ち出され，他の個体の柱頭につき，受精して種子ができる，という過程を経て達成される。

一番調べやすいのは，花粉がどのくらい外に持ち出されたかであろう。これは，花がもともともっていた花粉の数と，開花の終わりに花に残っていた花粉の数の差分から推定できる（5.4.3項の研究例など）。花粉の数が少ない場合は顕微鏡下で計測できるが，多い場合には花粉を液体中に浮遊させ，血球計算盤を使って数を数える。血球計算盤とは，目盛の入ったスライドガラスとカバーガラスの間に一定の空間ができる構造をもたせた実験器具で，目盛を使って液体中に浮遊する赤血球や培養細胞などの密度を計測するのに使われる。

外に持ち出された花粉のうちどのくらいが柱頭に運ばれるかは，持ち出した送粉者や持ち出された時間などによって違ってくる。かつては，他の個体の柱頭に運ばれた花粉を調べる方法は，4.4.2項で紹介したような蛍光パウダーを利用した方法などしかなかった。しかし，近年花粉1粒ごとにマイクロサテライトマーカーを調べることが可能になり，柱頭についた花粉の親を推定した研究も行われるようになってきた（津村・陶山，2012; Hirota et al., 2013）。

柱頭についた花粉は，花柱内での花粉管競争を勝ち抜いて受精に至り，成長途上で死亡することなく成熟種子となって初めて次世代に遺伝子を残すことができる。雄としての繁殖成功により近いのは，それぞれの個体が生産された種子のうちどれくらいで花粉親になれたかである。

マイクロサテライトマーカーをはじめとした分子生態学的手法により，花粉

がどのように運ばれ種子の花粉親となったのかという**花粉流動**（pollen flow）が，さまざまな植物で調べられている。花粉流動を調べるためには，種子をサンプリングする母樹を決め，その母樹と交配する可能性のある個体をできるだけ網羅的に探し出す。使った遺伝マーカーに十分な多型があって花粉親のサンプリングが十分であれば，母樹，花粉親候補の個体，サンプリングした種子の遺伝子型を照らし合わせ，花粉親が特定できる。実際の分析では，花粉親候補に入っていなかった個体から花粉が運ばれた可能性や，遺伝子型の同定（ジェノタイピング）に一定の確率でエラーが生じることを考慮するため高度な計算が必要で，ソフトウェアを使って解析を行う。

4.5 研究例

4.5.1 雌と雄の送粉成功の比較

　花の形質に送粉を通してかかる選択を明らかにしたパイオニア・ワークに，ハナシノブ科の *Ipomopsis aggregata*（図 4.3）を用いた一連の研究がある。中でも Campbell（1989）は，蛍光パウダーを使って花粉散布を調べ，雌雄両方の送粉成功と花の形質のかかわりを調べた嚆矢となっている。

　I. aggregata は種子のみで繁殖し，発芽してから 2～6 年栄養成長して開花・結実後に枯れてしまう 1 回繁殖型の植物である。したがって，1 回の繁殖を調べれば，それが生涯の繁殖成功であると考えてよい。ラッパ型の花は雄性先熟で，1 日～数日の雄性期の後に雌性期になる。2 種のハチドリ（*Selasphorus platycercus, S. rufus*）によって送粉されている。自家不和合性なので，結実には他家花粉が必要である。

　Campbell（1989）は 3 回の開花シーズンの間，個体数 50～98 の開花個体を含む 5～6 つの集団で，それぞれの集団の中心近くに位置する 4 個体，全部で 62 個体を調査対象として研究を行った。5 色の蛍光パウダーのうち 4 色を調査対象個体それぞれに割り当てた。調査対象 4 個体以外から調査対象個体への花粉流動を推定するため，5 色目を外側（調査対象個体以外）からランダムに選んだ 15 個体に用いた。1 週間のうち 4～5 日間，新しく咲いた花の葯の上に，先が平たい木製の爪楊枝を使って蛍光パウダーを置いた。色ごとに見え方や運ばれ方

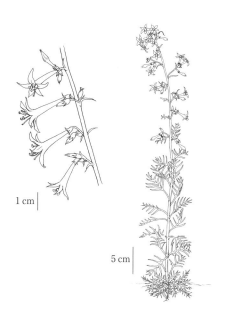

図4.3 ハナシノブ科 *Ipomopsis aggregata*
杉野由佳氏による。

が違う可能性を考慮して1週間ごとに使う色をローテーションしたので，5～7日目は色が混じるのを防ぐために蛍光パウダーの付加を休止した。

雄としての送粉の成功は，調査対象個体それぞれから他の3個体あるいは外側の15個体へ運ばれた蛍光パウダーの粒数，および蛍光パウダーをつけた外側の個体の比率から推定した。同様に，雌としての送粉の成功は，調査対象個体それぞれが他の3つの調査対象個体と外側15個体から受け取った蛍光パウダーの粒数，およびパウダーをつけた外側の個体の比率から推定した。論文には，6000以上もの柱頭について蛍光パウダーの粒数を計測したとある。また，調査対象個体について花の形態の計測も行った。

雌雄の送粉成功と個体ごとの花形質の解析から，雌と雄の送粉成功が花の形質に異なる選択圧としてはたらいていることが明らかになった。長く突き出た雌しべと狭い花冠をもち雌性期の時間が長い花は，花粉の受け取りが多い傾向にあった。一方，花粉のドナーとして，つまり雄としてより成功していたのは逆の形質の組み合わせをもった花であった。雌雄の機能を備えた両性花の中

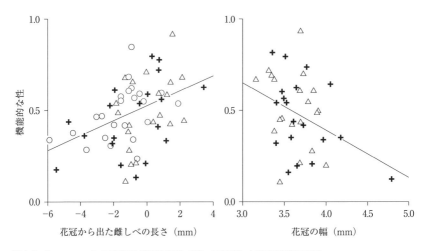

図 4.4 *I. aggregata* における機能的な性（雌への偏り）と花の形態の関係
機能的な性は，それぞれの個体の蛍光パウダーの受け取りを W_r，散布を W_m，その年の全個体の W_r の平均値を F, W_m の平均値を M として，$\dfrac{W_r}{W_r + W_m\left(\dfrac{F}{M}\right)}$ で計算した．全個体の W_r と W_m がわかっていれば $\dfrac{F}{M}$ は1になるはずだが，この研究では一部の個体のみを調べているので $\dfrac{F}{M}$ で標準化している．Campbell（1989）では，6つの形質と機能的な性の関係を見ているが，ここでは有意（ピアソンの積率相関係数を用いた検定で p < 0.05）な傾向の見られた2形質のみを示した．シンボルによって年を区別し，回帰直線を示している．

に，より雌的なもの，より雄的なものがあったことになる（図4.4）。このような両性花の雄機能，雌機能への偏りは**機能的な性**（functional gender）とも呼ばれ，Campbell（1989）以来送粉生態学の重要な研究テーマの1つとなっている。

　Campell らはその後の研究で，それらの形質のばらつきがどれくらい遺伝的に説明できるのか，ある形質に選択がかかったときに他の形質にどのような影響を与えるのかを調べ，送粉成功が選択圧となって形質の進化をもたらすかどうか検討している（Campbell, 1996 ほか）。また，この研究で相関が見られた花形質について，どのようなメカニズムでそのような相関が生じているのかを調べている（Campbell *et al.*, 1996 ほか）。これら一連の研究は，送粉が植物の形質の進化の選択圧となっているさまを具体的に示し，その後の送粉研究に大きな影響を与えた。

4.5.2 花粉制限と資源制限

Campbell は，種子生産量に資源と花粉どちらが制限要因になっているのかについても興味深い研究を行っている．材料はやはり，*I. aggregata* である．*I. aggregata* は生涯に1回しか繁殖しないので，ある年の処理が次の年の繁殖に影響を与えることはない．また，個体全体での花の数が平均花数85と比較的少ないので，この研究ではすべての花に同一の処理を施している．

Campbell and Halama (1993) は，*I. aggregata* の自然個体群に9プロットを設置した．何も与えずに自然条件下のもの（施肥なし），開花開始後水だけを与えたもの（水のみ），開花開始後肥料入りの水を与えたもの（施肥あり），の3資源処理と，自然に受粉を行ったもの（コントロール），他家花粉を追加的に受粉させたもの（花粉追加），の2送粉処理の組み合わせ6処理を，それぞれのプロットの中で1個体ずつ施した．

施肥なしでは，花粉を追加することにより花あたり種子数（図4.5a），および総種子生産数（図4.5c）が上昇した．この結果だけしかなければ，種子生産は花粉により制限されていると結論したくなるかもしれない．一方，施肥ありでは，花粉を追加することにより花あたりの種子数は増加しているが（図4.5a），総種子生産数を比べると種子の数は変わっていない（図4.5c）．こちらの結果は，花粉制限はないことを示しているようにも見える．

この結果を解釈する鍵となるのは，それぞれの個体が咲かせた花の数である．コントロールでの花の数を3資源処理で比較すると（図4.5b），施肥によって花の数が増えていることがわかる．花が下から上に向かって咲き進むタイプの花序（無限花序）を作る *I. aggregata* では，施肥をしたことで開花期が延び，花の数が多くなった．同じ施肥をした場合でも，花粉を追加すると花の数はむしろ減った（図4.5b）．花粉が追加され結実率が上がった結果，種子の成長に資源が使われて花を生産する資源が減ったためだと思われる．

要因間の関係についてパス解析を行った結果が，図4.6に示されている．花粉の追加は，花あたり種子数の増加によって総種子生産量の増加に寄与していた．他方，資源の増加（施肥）は，花あたり種子数と総花数の増加という2つの経路で総種子生産数に影響を与えていた（図4.6）．資源の増加は，送粉者への報酬である蜜の量にも影響を与えていたが，これは結実率に有意な影響を与え

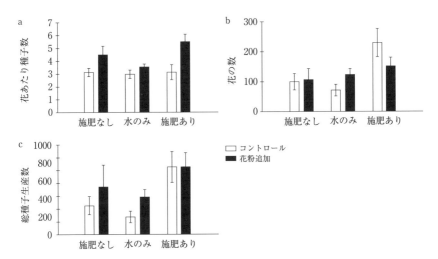

図 4.5　資源処理と受粉処理を組み合わせた実験の結果
施肥なし（左），水のみ（中），施肥あり（右）の 3 資源処理と，コントロールの放任受粉（白抜き）と花粉追加（黒塗り）の 2 送粉処理の間の（a）花あたり種子数，（b）花の数，（c）総種子生産量の比較。棒グラフは平均値，バーは標準偏差を示す。各処理の詳細については本文を参照のこと。Campbell and Halama（1993）より改変。

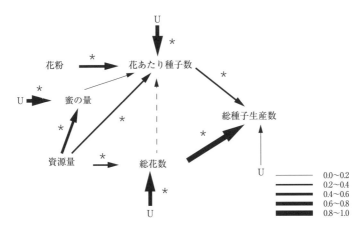

図 4.6　総種子生産量に影響を与える要因のパス図
実線の矢印は正の効果を，点線は負の効果を，線の太さは標準化したパス係数の大きさ（影響を及ぼす程度）を示している。U は測定していない要因を示している。統計的に有意であった効果にアスタリスクを付してある。Campbell and Halama（1993）より改変。

ていなかった。

　これらの結果から Campbell and Halama（1993）は，種子生産に花粉と資源のどちらが制限要因となっているかという問題設定は単純にすぎると警鐘を鳴らしている．

引用文献

Burd M（2008）The Haig-Westoby model revisited. *The American Naturalist*, 171: 400-404
Campbell D（1989）Measurements of selection in a hermaphroditic plant: variation in male and female pollination success. *Evolution*, 43: 318-334
Campbell DR（1996）Evolution of floral traits in a hermaphroditic plant: field measurements of heritabilities and genetic correlations. *Evolution*, 50: 1442-1453
Campbell DR（2000）Experimental tests of sex-allocation theory in plants. *Trends in Ecology and Evolution*, 15: 227-232
Campbell DR, Halama KJ（1993）Resource and pollen limitations to lifetime seed production in a natural plant population. *Ecology*, 74: 1043-1051
Campbell DR, Waser NM, Price MV（1996）Mechanisms of hummingbird-mediated selection for flower width in *Ipomopsis aggregata*. *Ecology*, 77: 1463-1472
Charnov EL（1982）The theory of sex allocation. *Monographs in Population Biology*, 18: 1-355
Cruzan MB（1989）Pollen tube attrition in *Erythronium grandiflorum*. *American Journal of Botany*, 76: 562-570
Harder LD, Aizen MA（2010）Floral adaptation and diversification under pollen limitation. *Philosophical Transactions of the Royal Society of London Series B, Biological Sciences*, 365: 529-543
Harder LD, Thomson JD（1989）Evolutionary options for maximizing pollen dispersal of animal-pollinated plants. *The American Naturalist*, 133: 323
Hirota SK, Nitta K, Suyama Y, *et al*.（2013）Pollinator-mediated selection on flower color, flower scent and flower morphology of *Hemerocallis*: evidence from genotyping individual pollen grains on the stigma. *PLoS One*, 8: e85601.
Ishihama F, Ueno S, Tsumura Y, Washitani I（2006）Effects of density and floral morph on pollen flow and seed reproduction of an endangered heterostylous herb, *Primula sieboldii*. *Journal of Ecology*, 94: 846-855
粕谷英一（1990）行動生態学入門，東海大学出版会
Kearns AC, Inoue DW（1993）*Techiniques for Pollination Biologists*. University Press of Colorado
Knight TM, Steets JA, Vamosi JC, *et al*.（2005）Pollen limitation of plant reproduction: pattern and process. *Annual Review of Ecology, Evolution, and Systematics*, 36: 467-497
Larson BMH, Barrett SCH（2000）A comparative analysis of pollen limitation in flowering plants. *Biological Journal of the Linnean Society*, 69: 503-520
Levin DA（1990）Sizes of natural microgametophyte populations in pistils of *Phlox drummondii*. *American Journal of Botany*, 77: 356
Morris WF, Vazquez DP, Chacoff NP（2010）Benefit and cost curves for typical pollination mutualisms. *Ecology*, 91: 1276-1285

Nishihiro J, Washitani I (1998) Patterns and consequences of self-pollen deposition on stigmas in heterostylous *Persicaria japonica* (Polygonaceae). *American Journal of Botany*, **85**: 352-359

津村義彦・陶山佳久 編（2012）森の分子生態学 2, 文一総合出版

Vamosi JC, Knight TM, Steets JA, *et al.* (2006) Pollination decays in biodiversity hotspots. *Proceedings of the National Academy of Sciences of the United States of America*, **103**: 956-961

第5章 人と送粉

5.1 はじめに

　送粉者の恩恵を受けているのは野生植物ばかりではない。農作物の結実を通して，あるいは自然生態系の維持を通じて，わたしたち人間も送粉者の恩恵を受けている。その一方で，人間の活動が，生態系やその中に含まれる生物，送粉をはじめとする生態プロセスに与える影響の大きさは，日々拡大している。生態系の著しい変化を背景に，かつては人の影響がない（という想定の）生態系を主たる研究対象としていた生態学でも，人間活動による影響，人間社会への影響を含めた研究が増えてきている。送粉もその例外ではない。

　人間活動による影響を調べる意義は，もちろん，影響の小さいうちに変化を知り，生態系や生物を保全する手立てを探るということもある。しかし，意図しない野外実験として，基礎学問としての生態学に重要な示唆を与えることも少なくない。

　この章では，人と送粉の関係，すなわち人間活動によってどのように植物と送粉者の関係が影響を受けているのかについて，また，人間が受けている送粉の恩恵について解説し，関連した研究を紹介する。

5.2 人間の活動が送粉に与える影響

　送粉者や，植物と送粉者の関係を変化させるものとしては，次に挙げるような要因が重要だと考えられている。2つ以上の要因が複合的にはたらくことも多い（Kearns *et al.*, 1998; Potts *et al.*, 2010; González-Varo *et al.*, 2013）。

5.2.1 気候変動

人間活動は，温暖化ガスの排出，土地被覆の改変などによって，グローバル，ローカルに気候変動をもたらしている。この気候変動によって，本来一致していた植物の開花時期と送粉者の活動時期にずれが生じ，送粉に支障が生じるのではないかと危惧されている。

送粉者との不一致による影響は，特定の1種あるいは数種の送粉者だけに送粉されるように特殊化したスペシャリストの植物で大きく，複数の送粉者に依存するジェネラリストでは小さいだろう。植物の開花時期も送粉者の出現時期も春先に変動しやすく，それらのずれも春先に生じやすい。送粉者に特殊化した早春に開花する植物が，もっとも影響を受けやすいと予想される。

気候変動による開花時期と送粉者の活動時期のずれが，実際に植物の繁殖を妨げていることを示した例はまだ少ない。5.4.1項では先駆的な研究の1つ，北海道の春植物エゾエンゴサク（*Corydalis ambigua*）の研究を紹介する。

5.2.2 景観の変化

周辺の土地被覆の変化，生息地の分断化，生息地そのものの劣化は，植物自身の密度低下や個体間距離の増加を介して送粉成功を低下させる。また，送粉者の密度や多様性を低下させることで，植物の繁殖に影響を与えることもある。

たとえば，森林の面積が少なくなれば，森林に営巣していたハナバチの密度が低下し，周辺の草原や農地の送粉にも影響を与える（5.4.2項）。森林内部と林縁では環境が異なるので，森林の分断化は単に森林面積が小さくなる以上の影響をもたらす。森林面積が変化しなかったとしても，森林から大径木が失われると，樹洞営巣性のハナバチは大きな影響を受ける（Samejima *et al.*, 2004 ほか）。送粉者の中でもとくに，生息地や利用資源が限られているグループは景観の変化の影響を受けやすい。

景観の影響は，里山や都市といった，すでに人の影響の色濃い場所でも観察されている。Ushimaru *et al.* (2014) は，ツユクサ（*Commelina communis*）で送粉者の訪花頻度を調べ，周辺に開発された土地が多いほど，送粉者の訪花頻度が低下していることを明らかにした。さらに訪花頻度とツユクサの繁殖形質

の間の関係から，開発が訪花者の密度や活動を低下させ，それがツユクサの繁殖形質を変化させたのではないかと指摘している（5.4.3項）。

5.2.3 農業の集約化

世界の食料生産は，農地を増やすことよりも農業の集約度（単位面積あたりの労働力や費用）を上げることで生産量を増やしてきた。穀物生産で見ると，この50年間で耕地面積はほとんど変わっていないが，生産量は3倍以上に伸びた。

もともと自然生態系であった場所に人が手を入れ農地にしたわけだが，集約度を上げれば上げるほど，もとの自然生態系とは違った系になっていく。日本の里山をはじめとして，農地やその周囲は野生生物の重要な生息地であるが，集約度が上がるにつれ，もといた生物には住みにくい場所となっていくに違いない。物理的，化学的（肥料，農薬など）な改変が，直接送粉者に影響を与えることもあれば，植物相の変化などを介して間接的に影響を与えることもある。生産量を上げるために行っているはずであるが，農作物の食害昆虫の天敵や送粉者の減少をも引き起こし，結果的に農業に悪影響を与えることも懸念されている。

5.2.4 帰化種

養蜂や農作物の送粉のためにセイヨウミツバチやマルハナバチが持ち込まれたり，それらが野生化したりすることによって，在来の植物や送粉者に影響を与えていることがいろいろな場所で報告されている（Dohzono and Yokoyama, 2010）。

セイヨウミツバチは日本ではほとんど野生化していないが（3.3節参照），世界各地で帰化種となっている。もともとミツバチのいなかったアメリカ大陸では，アフリカ系統とヨーロッパ系統の交雑から生まれた攻撃性の強いセイヨウミツバチが野生化した。人間にも危害を加えたため，killer beeと呼ばれ恐れられた。もとは1957年にブラジルで逃げ出した26コロニーが徐々に分布を拡げたもので，1985年には北米に到達している。Roubik（1978）は，まだ南米で拡大途上にある時期に，フランス領ギアナでミツバチの巣箱を設置・除去する

実験を行い，在来の送粉者への負の影響を予見した．

日本では，トマトなどの送粉者として輸入されたセイヨウマルハナバチ（*Bombus terrestris*）が帰化している．餌や営巣場所の競合，在来種との種間交雑，外来の寄生生物（ダニ）の持ち込みなどを通して，在来マルハナバチを脅かしていることがわかっている．また，花冠に穴を開ける盗蜜行動などにより，一部の在来野生植物の繁殖を妨げていることが明らかになっている．

しかしながら，帰化したミツバチやマルハナバチが，在来の送粉者や植物，生態系全体にどの程度の影響を与えているのかについては，一致した見解はない．より長期的に観察を行っていく必要があるだろう（Kearns *et al.*, 1998; Potts *et al.*, 2010）．

帰化植物も，さまざまな経路で在来の植物や送粉者に影響を与える．花を鑑賞するために持ち込まれ帰化した園芸植物は，目立つ花，長い花期で，送粉者を惹きつけ，送粉者をめぐる競争者として，在来の植物に大きな脅威を与えたり，送粉者相を変化させたりすることがある．

近年，帰化種の花粉が在来種に運ばれ，在来種が帰化種の花粉を間違って受け入れてしまうために結実率が著しく下がってしまうという現象が報告された．もともと分布の重なっている近縁種同士では，種間交雑が起きないような仕組みが備わっていることが多い．しかし，突然やってきた帰化種に対しては交雑を避ける防衛策をもっておらず，帰化種の侵入によって在来種の個体群が衰退してしまうことがある．このような，ある種の繁殖活動が他種の繁殖成功を直接的に低下させる現象は**繁殖干渉**（Reproductive interference）と呼ばれ，種の分布を左右する重要な要因だと考えられている（5.4.4 項）．

5.3　生態系サービスとしての送粉

人は食料などさまざまな資源を生態系から得て，森林の治水機能や水源涵養といった生態系の機能に支えられて生活している．このような，人が生態系から受けている恩恵を**生態系サービス**（Ecosystem services, Box 5.1）という．人間活動によって生態系が大きく改変されると，生態系サービスの質や量も変化する．また，農業など供給サービスだけを重要視すると，他の生態系サービ

スが低下するということが起きる。

　送粉は生態系サービスの中で，災害の緩和や水質浄化機能などと同様に「調整サービス」に含まれる。評価の難しいものが多い調整サービスの中で，その恩恵がわかりやすく測定可能な送粉は，近年生態系サービスの観点からも研究されるようになった。

● Box 5.1 ●
生態系サービス

　生態系サービスという言葉，考え方は，国際連合の提唱によって2001〜2005年に行われた地球規模の生態系に関する環境アセスメントである「**ミレニアム生態系評価（Millennium Ecosystem Assessment）**」により広く知られるようになった。

　ミレニアム生態系評価の報告書では，生態系サービスをいくつかのカテゴリーに分類している（図）。一番わかりやすい供給サービスは，経済的に評価されやすいもの（売買の対象となるもの）が多い。森林の木材や農産物のほか，薬の開発のための遺伝資源としての生物もここに含められる。調整サービスに含まれるのは，二酸化炭素の吸収や貯蔵を含む気候を調節する機能，水源の涵養，送粉などである。文化的サービスには，芸術的な発想の源となったり，教育，科学研究，レクリエーションの材料や場を提供したりする機能が含まれる。基盤的サービスは，直接利用する，役に立つというより，他のサービスや生態系，生物多様性を支える仕組みである。

　異なる種類の生態系サービスの間には，片方が上がれば他方も上がる関係（シナジー），あるいは，片方のサービスを上げようとすると他方のサービスは低下してしまうような関係（トレードオフ）が見られることがある（Bennett *et al.*, 2009）。たとえば，成熟した熱帯林はバイオマスが大きいことから二酸化炭素の貯蔵機能（調整サービス）も大きくなる一方，生物多様性が高く遺伝資源（供給サービス）としても優れ，シナジーの例といえる。これがオイルパーム・プランテーションになった場合，オイルパームの植栽面積を増やすことは供給サービスを増やすことになるが，植物の多様性を低下させ，病害虫を制御する機能を低下させることになる。こちらはトレードオフの例である。

　森林減少による送粉サービスの低下も，木材生産や農業生産など供給サービスを上げようとして調整サービスを下げてしまったトレードオフの例として見ることができる。

供給サービス	調整サービス	文化的サービス
生態系による資源の供給	生態系のプロセスの制御により得られる利益	生態系から得られる非物質的利益
食糧 水 燃料 繊維 化学物質 遺伝資源	気候の制御 病気の制御 洪水の制御 無毒化 送粉	精神性 レクリエーション 美的な利益 発想 教育 共同体としての利益 象徴性

基盤的サービス
他の生態系サービスを支えるサービス 土壌形成・栄養塩循環・一次生産

図 ミレニアム生態系評価書による生態系サービスの分類
MILLENNIUM ECOSYSTEM ASSESSMENT, http://www.millenniumassessment.org/en/SlidePresentations.aspx より改変。

　風媒や自動自家受粉によって結実する作物の生産には動物による送粉を必要としないが，世界の主要な農作物の75%が，少なくとも部分的には（栽培のための種子生産等を含む）動物の送粉者にその生産を依存している。生産量で上位を占めるサトウキビ，トウモロコシ，米，麦は風媒なので生産量における比率では小さくなるが，それでも35%を占める（Klein *et al.*, 2007）。送粉者が収量を大きく左右する農作物の畑では，しばしば，野生の送粉者による送粉サービスの不足を補う意図でミツバチの巣箱が導入されている。しかし最近の研究では，一般に野生の送粉者のほうが効率よく送粉すること，ミツバチによって完全に代替することは難しいことがわかっている（Garibaldi *et al.*, 2013）。日本では，ソバの結実に対する野生の送粉者の寄与についての研究がある（5.4.2項）。

　世界的に見て，野生の送粉者が人間活動により負の影響を受けていることは，人間活動の強度（面積や撹乱の程度）の異なる場所の送粉者相を比べた数多くの研究から疑いない。しかし，実際にどれくらい送粉者が減っているのか，農業生産や生態系の維持という点から見たときどの程度危機的なのかを判

断するための情報はまだ不十分で，今後の研究が待たれる（Ghazoul, 2005）。

5.4　研究例

　人間活動が送粉や植物の繁殖に与える影響を評価するためには，特別な方法があるわけではないが，しばしば広い空間スケールや長い時間スケールでの研究が必要になる．この節では方法論に代えて，日本での研究例を4つ紹介する．

5.4.1　気候変動と春植物の繁殖

　Kudo and Ida（2013）は，エゾエンゴサクの3つの個体群について10〜14年間にわたって開花時期，送粉者の出現時期，結実率を調べた．エゾエンゴサクは，地中での越冬を終えたばかりのエゾオオマルハナバチ（*Bombus hypocrita sapporoensis*）やアカマルハナバチ（*Bombus hyponorum koropokkrus*）の女王によって送粉されている．開花時期，送粉者の出現時期ともに，雪解け時期や気温の変動に伴い年によって早くなったり遅くなったりするが，変動幅は一致していない．そのため，開花が早く始まる年ほど，開花時期と比べた送粉者の出現時期が遅くなっていた（図5.1a）．また，この遅れが大きいほど，結実率が低くなることがわかった（図5.1b）．エゾエンゴサクは人工的に花粉を追加受粉させると（実験方法については4.4.1項を参照）結実率が著しく改善することから，送粉が種子生産の制限要因になっていると考えられる．開花と送粉者の活動時期とのタイミングを合わせられるかどうかが，繁殖成功の重要な要因となっていたのである．

　Kudo and Ida（2013）によると，エゾエンゴサクについては開花時期と送粉者出現時期のずれが拡大している明瞭な傾向は見られていない．しかし，14年間の調査期間中2度も極端に早い春があった点に注目し，平均的なずれが変化しなくても極端なずれの頻度が上がれば，植物個体群に大きな影響を与える可能性を指摘している．

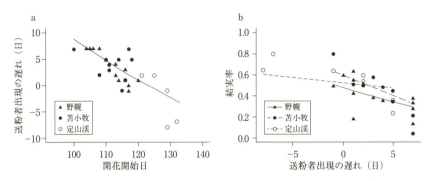

図 5.1　エゾエンゴサクにおける開花開始日（1月1日からの日数），送粉者出現の遅れ（開花開始から送粉者出現までの日数），結実率の関係
(a) 暖かい春に早く開花が始まっても，送粉者の出現時期は開花時期ほど変化しないので，開花に比べて送粉者出現が遅くなる。(b) 結実率は，送粉者出現の開花開始からの遅れが大きい年ほど低かった。ただし，遅れと結実率の関係は場所によって異なる。Kudo and Ida, (2013) より改変。

図 5.2　ソバの花の異花柱性
(a) 雌しべが長く雄しべが短い長花柱花，(b) 雌しべが短い短花柱花

5.4.2　周辺環境とソバの結実

　ソバ（普通ソバとも呼ばれる；*Fagopyrum esculentum*）は，タデ科の一年草で，多くの他の穀物とは違い動物によって送粉される。異花柱性（第2章参照）があり（図5.2），自家受粉では結実できない。ソバの花には，飼育下のセイヨウミツバチ，森林に営巣しているニホンミツバチ，その他甲虫や双翅目，膜翅目，鱗翅目など多様な昆虫が訪れるので，これらが送粉を担っていると考えられている。

　Taki *et al.* (2010) は，茨城県常陸太田市の17のソバ畑で結実率，訪花昆虫の

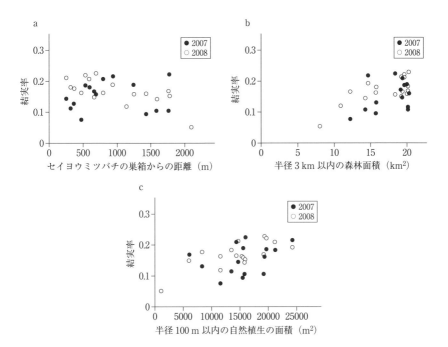

図 5.3 ソバ畑の周辺環境と結実率の関係
(a) セイヨウミツバチの巣箱から近くても結実率の上昇は見られなかった。一方、(b) ニホンミツバチの数をよく説明した森林面積、(c) ミツバチ以外の送粉者の数をよく説明した自然植生の面積が増えると結実率が上がっていた。Taki *et al.* (2010) より改変。

量や種類，周辺の土地利用を調べ，ソバの結実を左右する要因を調べている。その結果，周辺の森林面積や自然植生の面積が多い畑で結実率が高かった（図5.3）。森林面積はニホンミツバチの数と高い相関，自然植生の面積はミツバチ以外の昆虫の数と高い相関があるので，ニホンミツバチを含む野生の送粉者が豊かなところでソバの花がよく結実したのだと考えられる。興味深いことに，セイヨウミツバチの結実率への寄与は，その他の送粉者と比べると小さかった。

5.4.3 都市化が招いたツユクサの繁殖形質の変化

開発が進み植生のある地域が少なくなった地域では，送粉者の数や活動も制限される。そのような変化に植物はどのように応答しているのだろうか。

図5.4　ツユクサの両性花（左）と雄花（右）

Ushimaru et al. (2014) は，町中でも普通に見られるツユクサを材料に，開発が送粉者に及ぼす影響，送粉が植物の形質に及ぼす影響を，開発の程度の違う大阪府大阪市・東大阪市，兵庫県神戸市，奈良県生駒市の計12個体群で調べた。

ツユクサは身近な植物だが，その花をじっくり眺めたことのある人は少ないかもしれない（図5.4）。まず目につくのは青色をした上の2枚の花弁だが，花弁はもう1枚あり，小さくて白い3枚目が下向きについている。6本の雄しべのうち，中央部の短い3本はほとんど花粉を生産しない鮮やかな黄色の葯（Sの葯）をもつ。花粉生産にもっとも重要なのは，長く伸びた2本の雄しべの先端にある茶色く目立たない葯である（Lの葯）。残りの1本は，長い雄しべと短い雄しべの中間の長さで，葯の色や花粉の数も中間的である（Mの葯）。

ツユクサの花は蜜を分泌しないので，花粉が送粉者への報酬である。ミツバチやハナアブなどの送粉者は，Sの葯を目指して訪花し，花粉を探す。Mの葯に花粉を見つけ，食べたり集めたりしているときに体の尾部がLの葯に触れ花粉がつく，という仕掛けになっているらしい。自家和合性であり，開花が終わると長い雌しべが巻き上がって自動自家受粉（第2章参照）が起こるが，雄花も生産する雄性両全性同株であることと，比較的高いPO比（Box 2.2参照），頻繁な昆虫の訪花が見られることから，種子生産には送粉者の寄与も重要であると考えられている。

Ushimaru et al. (2014) は，まず，土地被覆と花の密度，送粉者の訪花頻度の

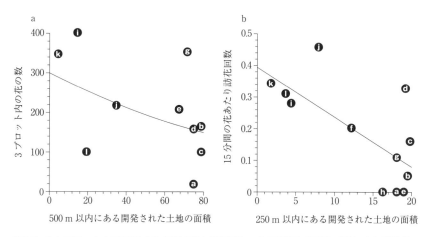

図 5.5 （a）プロット内の開花している花の数と半径 500 m 内の開発地の面積の関係，（b）送粉者の訪花頻度と 250 m 内の開発地の面積の関係
いずれの関係でも，4 つの距離範囲（50 m, 250 m, 500 m, 1000 m）の開発土地面積を説明変数として含めた一般化線形モデルによって，もっとも適切な距離範囲を選んだ．実線はモデルによって推定された関係，黒丸は各調査地での平均値を示している．黒丸内のアルファベットで調査地を区別している．Ushimaru *et al.* (2014) より改変．

関係を調べた．土地被覆の指標として使ったのは，調査地周辺の土地のうちの開発された土地（工業地，商業地，住宅地，公共公益施設用地など）の面積である．土地被覆データは，国土地理院作成の地図を電子化したものが販売されている．これを GIS（地理情報システム）ソフトウェアを使って解析し，調査地点周囲の開発地の面積を，調査地からの距離を変えて計算した．

送粉者や花の観察・調査は，開花ピーク期間中にそれぞれの調査地を 2〜3 回訪れて行った．花の密度は，それぞれの調査地に 1 m×3 m のプロットを 3 つ設置し，プロット内に咲いていた花の数を数えた．訪花頻度は，1 日につき各プロット 10 個，各調査地で計 30 個の両性花を朝 6〜10 時の 45〜75 分間観察し，15 分あたりの訪花回数として求めた．その結果，花の密度は調査地から 500 m 内の開発地割合で，訪花頻度は 250 m 内の開発地面積でよく説明された（図 5.5）．開発が進んだ地域では，交配相手が減少し送粉者の活動が低下しているので，送粉がうまくいかなくなっているかもしれない．

次に，送粉者の訪花頻度のばらつきが，雄と雌の繁殖成功を説明するかどうかを検討するため，雄の成功として花粉の持ち去りを，雌の成功として結実の

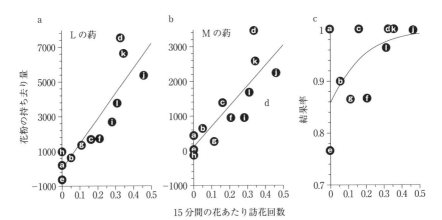

図 5.6 訪花頻度と繁殖成功の関係
　一般化線形モデルにより検討した結果，(a) L の葯と (b) M の葯での花粉持ち去りで評価した雄の送粉成功，および (c) 結実率で評価した雌の送粉成功は，訪花頻度と正の相関があることが示された。花粉の持ち去りが負になっているのは測定誤差による。実線はモデルによって推定された関係，黒丸は各調査地での平均値を示している。黒丸内のアルファベットは図 5.5 に同じ。Ushimaru et al. (2014) より改変。

有無を調べた（第 4 章参照）。花粉の持ち去りを調べるため，観察を行った日の 10 時に訪花後の花から L と M の葯を採集し，1 mL の 90％ エタノールに入れて保存した。花粉をエタノール中に懸濁したのち 10 μL を取り出し，その中に含まれる花粉粒数を顕微鏡下で数えた。訪花前の花でも同様の作業を行い，訪花後の花粉数と比較することで，送粉者の持ち去りを推定した。また，開花の 1 ヶ月後に調査地を訪れ，10 個体 30 個の花の結実の有無を調べた。その結果雄と雌の繁殖成功は，送粉者の多い調査地でより高い傾向があった（図 5.6）。

　さらに Ushimaru et al. (2014) は，訪花頻度の差が送粉にかかわる形質に影響を与えているのかを検討するため，花弁や雄しべの長さ，PO 比など複数の形質の計測を行っている。すると，雌しべの長さから長い雄しべの長さを引いた値（図 5.4）で評価した雌雄離熟の程度と，雄花の比率の 2 形質において，訪花頻度との相関が見い出された（図 5.7）。雌雄離熟の程度が小さければ，つまり柱頭と葯が近くに位置していれば，自家受粉が起こりやすくなる。訪花頻度が低い場所で雌雄離熟の程度が小さいということは，送粉者不足を補う自家受粉を増やすため花の形態が変化したと解釈できる。また，同じ花の中で自家受

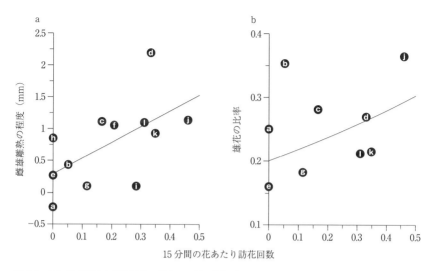

図 5.7 （a）訪花頻度と雌雄離熟の程度の関係，（b）訪花頻度と雄花の比率の関係
雌雄離熟の評価法は本文を参照。両者とも，一般化線形モデルにより検討した結果，有意な相関があることが示された。実線はモデルによって推定された関係，黒丸は各調査地での平均値を示している。黒丸内のアルファベットは図 5.5 に同じ。Ushimaru *et al.*（2014）より改変。

粉ばかりするようになれば，雄花の存在意義はなくなってしまう。訪花頻度が下がるにつれ自家受粉が増えるのであれば，雄花が減るというのも理屈に合う。

　この研究は，都市化が花の密度や送粉者の訪花頻度の変化を介して，植物の繁殖形質に影響を与えている可能性を示唆した先駆けである。花の形質の変化が，選択を経て起きた進化と呼べる現象なのか，あるいは遺伝的な変化を伴わない可塑的なものなのかを確かめるにはさらなる検討が必要である。Ushimaru *et al.*（2014）は，とくに雄花の比率は栄養状態など環境要因で変化しやすく，解釈に注意が必要だと述べている。しかしながら，人が植物をより自殖へと追いやっていることを示した点で意義は大きい。進化が早いと考えられる 1 年草という生活形，構造の変化を見つけやすい特殊な花形態，都市部から農地までの広い生育地といった特徴を備えたツユクサに着目したのは著者らの慧眼である。

5.4.4 帰化種から在来種への繁殖干渉

　日本には，複数の在来種タンポポがある．その中のカンサイタンポポ（*Taraxacum japonicum*）は，一部の地域で1960年代より帰化種であるセイヨウタンポポに徐々に置き換えられていることが報告されていた．この理由については複数の仮説があったが，どれが重要な要因なのかは十分にわかっていなかった．

　Takakura et al.（2009）は，帰化種による繁殖干渉により在来種個体群が衰退しているのではないかと考え，カンサイタンポポの結実に帰化種が与える影響を大阪府2ヶ所，滋賀県2ヶ所の4ヶ所で調査した．タンポポは，多数の花が集まって1つの花のように見える花序を作る．この花序を頭状花序あるいは頭花，それぞれの花を小花と呼ぶ．Takakura et al.（2009）は，それぞれの個体から頭花を1つ選び，その頭花の小花のうち健全な種子になった割合をその個体の結実率とした．周囲2m内の帰化種（帰化種と在来種の交雑種も含む）の割合と在来種の結実率の関係を調べると，いずれの場所でも帰化種の割合が上がると結実率は下がっていた（図5.8）．また，実験的に周囲の帰化種の頭花を取り除くと，カンサイタンポポの結実率は上昇した．このような，ある種の繁殖成功と周辺の近縁種の相対頻度との負の関係は，繁殖干渉の存在を強く示唆している．

　3倍体のセイヨウタンポポはアポミクシス（Box 2.5参照）により種子を生産するため，自身の繁殖に花粉は必要ないが，花粉を生産している．Matsumoto et al.（2010）は，帰化種の花粉がカンサイタンポポの柱頭につき，結実を妨げることで繁殖干渉が起きていると考えた．そこで，帰化種と共存するカンサイタンポポの頭花の中から，花粉が多くついている柱頭を3つサンプリングし，マイクロサテライトマーカー（第4章参照）を用いて帰化種のものかカンサイタンポポのものかを同定し，帰化種の花粉の割合を調べた．頭花の残りの小花については，2週間後に採集して結実率を調べた．

　その結果，周囲に帰化種の割合が多いほど，カンサイタンポポの柱頭の花粉にも帰化種のものが高頻度で混ざっていた．また，帰化種の花粉が多いほど結実率が低いことも確かめられた（図5.9）．カンサイタンポポに，同種他個体の花粉と帰化種のものを混ぜて受粉すると，同種のみのときに比べて著しく結実

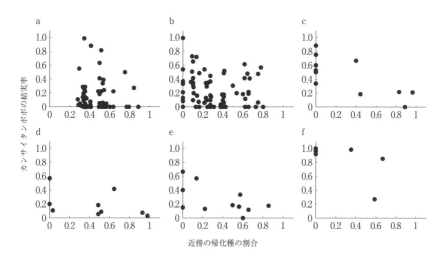

図 5.8 近傍の頭花に占める帰化種タンポポの割合とカンサイタンポポの頭花の結実率の関係
結実率は，小花のうち健全な種子を作ったものの割合で評価している．上の3つは時期の異なる大阪府鶴見緑地での結果，下の3つは大阪城公園と滋賀県の2ヶ所での結果を示している．小花が健全な種子になったかどうかを2値の応答変数，半径2m範囲内のタンポポ株数と帰化種の割合を説明変数，個体差をランダム効果として含め，一般化線形混合モデル（第2章参照）で解析を行うと，いずれの場合でも近傍の帰化種の割合が増えると結実率が下がるという有意な関係が見い出された．Takakura *et al.*（2009）より改変．

率が低下する．これらのことから，帰化種の花粉がカンサイタンポポの柱頭につくことで結実率が下がっていることが確かめられた．

ところが在来種タンポポの中には，帰化種に追いやられることなく個体群が存続している種もある．Nishida *et al.*（2012）が，別の在来種トウカイタンポポ（*T. longeappendiculatum*）について，関ヶ原と名古屋大学の2カ所でTakakura *et al.*（2009）と同様の調査を行ったところ，帰化種が高頻度で存在してもTakakura *et al.*（2009）で見られたほどの結実率の低下は起きていなかった．また，同種の花粉と帰化種の花粉を混ぜて受粉しても，同種の花粉のみを受粉した場合とほぼ同じ結実率を示した．

帰化種の花粉の影響は，近畿のカンサイタンポポとトウカイタンポポでどう違うのだろうか．Nishida *et al.*（2014）は，帰化種の花粉を柱頭につけたときの花粉管の伸長を蛍光顕微鏡で観察した（花粉管の観察については第4章を参照）．その結果，柱頭にセイヨウタンポポの花粉がつくと，カンサイタンポポは

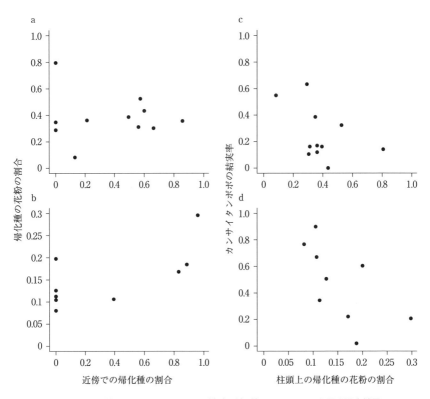

図 5.9 帰化種の花粉が柱頭につくことによって繁殖干渉が起きていることを示す調査結果
左：(a) 鶴見緑地と (b) 大阪城公園で観察された，近傍の頭花に占める帰化種の割合と柱頭上の帰化種の花粉の割合の関係。柱頭の花粉における帰化種の比率を応答変数，半径 2 m 範囲内の帰化種の割合と頭花の数を説明変数として，一般化線形モデルにより分析を行うと，近傍の帰化種の割合が増えると帰化種の花粉の割合が増えるという有意な関係があった。
右：(c) 鶴見緑地と (d) 大阪城公園で観察された，柱頭上の帰化種の花粉の割合と頭花の結実率の関係。小花が健全な種子を作ったかどうかを 2 値の応答変数，柱頭上の帰化種花粉の割合を説明変数，個体差をランダム効果として含め，一般化線形混合効果モデルで分析を行うと，両者とも近傍の柱頭花粉における帰化種の割合が増えると結実率が下がるという有意な関係が見い出された。Matsumoto *et al.* (2010) より改変。

その花粉管を胚珠にまで受け入れるのに対し，トウカイタンポポは帰化種の花粉管の伸長を途中で止めてしまうことがわかった（図 5.10）。トウカイタンポポの結実率が帰化種の相対頻度にはあまり依存せず，またセイヨウタンポポの存在下でも著しい衰退に至っていないのは，このメカニズムのためであると考えられる。

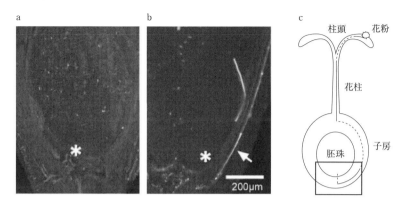

図 5.10 在来種タンポポの花に帰化種の花粉をつけたとき花粉管の伸長の様子
人工受粉を行った 75 時間後に雌しべを採集し，FAA で固定した．再水和，軟化後，アニリンブルーで染色して蛍光顕微鏡で観察を行った (Nishida et al. 2014)．写真は，雌しべの模式図の中で □ で示した部位である．＊は胚珠の場所を示している．(a) トウカイタンポポの雌しべでは帰化種の花粉管は伸長できないので胚珠付近には花粉管は見えない．(b) カンサイタンポポでは帰化種の花粉管（矢印で示した白く見えている線）が胚珠まで伸びている様子が観察された（金岡雅浩氏より提供）．

引用文献

Bennett EM, Peterson GD, Gordon LJ (2009) Understanding relationships among mutiple ecosystem services. *Ecology Letters* **12**: 1394-1404

Dohzono I, Yokoyama J (2010) Impacts of alien bees on native plant-pollinator relationships: a review with special emphasis on plant reproduction. *Applied Entomology and Zoology*, **45**: 37-47

Garibaldi LA, Steffan-Dewenter I, Winfree R, *et al.* (2013) Wild pollinators enhance fruit set of crops regardless of honey bee abundance. *Science*, **339**: 1608-1611

Ghazoul J (2005) Buzziness as usual？ Questioning the global pollination crisis. *Trends in Ecology and Evolution*, **20**: 367-373

González-Varo JP, Biesmeijer JC, Bommarco R, *et al.* (2013) Combined effects of global change pressures on animal-mediated pollination. *Trends in Ecology and Evolution*, **28**: 524-530

Kearns CA, Inouye DW, Waser NM (1998) Endangered mutualism: the conservation of plant-pollinator interactions. *Annual Review of Ecology and Systematics*, **29**: 83-112

Klein A-M, Vaissière BE, Cane JH, *et al.* (2007) Importance of pollinators in changing landscapes for world crops. *Proceedings of the Royal Sosiety B: Biological Sciences*, **274**: 303-313

Kudo G, Ida TY (2013) Early onset of spring increases the phenological mismatch between plants and pollinators. *Ecology*, **94**: 2311-2320

Matsumoto T, Takakura KI, Nishida T (2010) Alien pollen grains interfere with the reproductive success of native congener. *Biological Invasions*, **12**: 1617-1626

Nishida S, Kanaoka MM, Hashimoto K, *et al.* (2014) Pollen-pistil interactions in reproductive interference: comparisons of heterospecific pollen tube growth from alien species between two native *Taraxacum* species. *Functional Ecology*, **28**: 450-457

Nishida S, Takakura KI, Nishida T, *et al.* (2012) Differential effects of reproductive interference by an alien congener on native *Taraxacum* species. *Biological Invasions*, **14**: 439-447

Potts SG, Biesmeijer JC, Kremen C, *et al.* (2010) Global pollinator declines: trends, impacts and drivers. *Trends in Ecology and Evolution*, **25**: 345-353

Roubik DW (1978) Competitive interactions between neotropical pollinators and africanized honey bees. *Science*, **201**: 1030-1032

Samejima H, Marzuki M, Nagamitsu T, Nakashizuka T (2004) The effects of human disturbance on a stingless bee community in a tropical rainforest. *Biological Conservation*, **120**: 577-587

Takakura KI, Nishida T, Matsumoto T, Nishida S (2009) Alien dandelion reduces the seed-set of a native congener through frequency-dependent and one-sided effects. *Biological Invasions*, **11**: 973-981

Taki H, Okabe K, Yamaura Y, *et al.* (2010) Effects of landscape metrics on *Apis* and non-*Apis* pollinators and seed set in common buckwheat. *Basic and Applied Ecology*, **11**: 594-602

Ushimaru A, Kobayashi A, Dohzono I (2014) Does urbanization promote floral diversification? Implications from changes in herkogamy with pollinator availability in an urban-rural area. *The American Naturalist*, **184**: 258-267

さらに詳しく勉強したい方のための参考書

1. 詳しい調査法について

- Kearns AC, Inoue DW（1993）*Techiniques for pollination biologists*. University Press of Colorado

  花序や花への標識の付け方，標本の作成方法をはじめ，送粉生態学の詳細な調査法が紹介されている．本書第4章にある花粉や花粉管の観察法は，この本に基づく．

2. 日本語で読める植物の送粉生態学の本

シリーズ地球共生系（平凡社）より

送粉生態学のまとまった本としては日本で出版された初めてのもの．この2冊をあわせると送粉生態学の概要が理解できる教科書となっている．

- 井上健・湯本貴和 編（1992）昆虫を誘い寄せる戦略：植物の繁殖と共生
- 井上民二・加藤真 編（1993）花に引き寄せられる動物：花と送粉者の共進化

種生物学研究シリーズ（文一総合出版）より

- 種生物学会 編（1999）花生態学の最前線：美しさの進化的背景を探る

  花や花序の構造，開花の時間的パターンなど，送粉にかかわる植物の形質がどのように生じたのか，進化生態学的な視点から調べた研究が収められている．

- 横山潤・堂囿いくみ 責任編集（2008）共進化の生態学：生物間相互作用が織りなす多様性

  種間相互作用する生物が互いに影響を与えながら進化することを共進化という．形態形質や系統関係を手がかりに，送粉を含むさまざまな系での共進化を調べた研究を集めている．

- 川北篤・奥山雄大 責任編集（2012）種間関係の生物学：共生・寄生・捕食の新しい姿

  送粉を含め，いろいろな種間相互作用のあり方を紹介した研究が収められている．花の匂いの採集法が記載されている．

索　引

【欧字】

Ambophily·································63
FAA··79
GIS　→地理情報システム···········99
GLMM　→一般化線形混合モデル····32
Ipomopsis aggregata（*I. aggregata*）·····82
Lavandula latifolia（*L. latifolia*）······64
Macaranga winkleri······················55
PO 比···································13, 100
SSR　→マイクロサテライト········80

【あ】

アカソ·····································27
アカネ科······························17, 36
アカマルハナバチ·······················95
アカメガシワ····························61
アカメガシワ属··························61
アザミウマ·······························55
アザミウマ目····························55
アニリンブルー··························79
アニリンブルー染色法············79, 105
アブ科·····································50
アブラナ科·······························16
アポミクシス······················26, 27
異花柱性····················16, 17, 36, 78, 96
イチジクコバチ··························46
イチジクコバチ科·······················46
イチジク属·······························46
一般化線形混合モデル　→ GLMM····32
遺伝的多様性······················12, 25
イネ科·····································42
インターバルレコーダー
　→タイムラプスカメラ············57
ウコギ科······························19, 20
液浸··59
エゾエンゴサク······················90, 95
エゾオオマルハナバチ··················95
塩基性フクシン······················77, 80
遠交弱勢··································68
オオイヌノフグリ·······················22
オオスズメバチ··························45
オオバギ··································48
オオバギ属································55

【か】

ガ····································3, 41, 43
カイ二乗検定····························30
開放花·····································22
海洋島·····································50
花冠································17, 41, 50, 83
カタクリ··································78
花嚢··46
果嚢　→花嚢·····························46
ガ媒··4
カバノキ科·······························42
花粉管···························2, 76, 77, 103
花粉制限····························71, 85
花粉の質······························64, 66
花粉の組成···························60, 68
花粉流動··································82
カヤツリグサ科·······················4, 42
カンコノキ属····························46
カンサイタンポポ······················102
帰化種·································91, 102
キク科·································16, 27

気候変動······················90, 95
機能的な性··························84
吸虫管··························58, 63
距·····························4, 41
供給サービス·······················92
近交弱勢···················15, 35, 68
近親交配···························14
空中花粉···························52
クダアザミウマ······················55
グネツム類·························41
グリセリンゼリー····················77
クローナル植物·····················13
クロヒメハナカメムシ················48
クワズイモ························48
蛍光顕微鏡····················79, 103
蛍光パウダー···················78, 82
系統の制約························73
結果率························10, 24
血球計算盤························81
結実率····························24
ケブカハナバチ科···················49
ゲンチアナ・バイオレット············77
コアカソ···························27
光学顕微鏡····················52, 77
広告···························40, 73
甲虫媒······························4
交配袋····························53
コウモリ························4, 50
コウモリ媒··························4
コクモカリドリ·····················39
コシブトハナバチ···················39
コハナバチ························39
コハナバチ科······················49
コマルハナバチ····················57
コミカンソウ科·····················46

【さ】

在来種·······················92, 102
酢酸カーミン溶液····················80
サクラソウ·························78
サクラソウ科····················4, 17
サトイモ科······················4, 19
サネカズラ························48
左右相称····················4, 41, 50
ジェネラリスト··············7, 45, 90
自家受粉······················13, 24
自家不和合性················10, 24, 38
自家和合性·················10, 24, 36
シシウド··························44
自殖·····················11, 21, 80, 101
自殖率························11, 13
雌性先熟··························19
雌性配偶体·························2
シソ科····························64
シダ類····························40
実体顕微鏡····················59, 77
自動自家受粉············22, 27, 36, 98
自動同花送粉　→自動自家受粉······22
社会性························44, 49
雌雄異株······················21, 61
雌雄異熟··························19
雌雄同株··························21
雌雄離熟······················19, 101
収斂···························5, 50
種子食者··················26, 46, 76
種子食者媒························46
受粉滴····························41
ショウガ科························39
ショウガ属························40
証拠標本··························59
鞘翅目························41, 43
植物─送粉者共生系·················41
除雄······························25
処理区の配置······················28
シロイヌナズナ····················22
シロバナサクラタデ·················78
針葉樹····························40
水媒································4

スウィーピング	58	チョウ	4, 41, 43
すくい捕り →スウィーピング	58	調整サービス	93
スズメガ媒	4	チョウ媒	4
スペシャリスト	46, 90	地理情報システム →GIS	99
スライドガラス	52, 62	ツバキ	4, 50
性機能間の干渉	17, 21	ツユクサ	22, 90, 97
生態系サービス	92	ツリアブモドキ科	50
性配分	74	ツリフネソウ	42
性表現	21	定花性	45
セイヨウタンポポ	27, 102	適合花粉	17, 78
セイヨウマルハナバチ	92	トウカイタンポポ	103
セイヨウミツバチ	44, 49, 91, 96	トウダイグサ科	61
脊椎動物	50	同調性異熟	20
脊椎動物媒	50	動物媒	40, 51
絶対送粉共生	48	盗蜜	42, 76, 92
施肥	85	トカゲ	51
選択圧	74, 83	土地被覆	90, 98
双翅目	41, 43, 49	トラマルハナバチ	42, 45
送粉	1	鳥	3, 43, 50, 57
送粉効率	60, 64	鳥媒	4
送粉者	3	トレードオフ	74, 93
送粉者をめぐる植物間の競争	8		
送粉シンドローム	3, 5	【な】	
送粉生態学	1	ナス科	16
送粉ネットワーク	6	ニガナ	27
送粉様式	5, 39	ニホンミツバチ	44, 49, 96
ソテツ類	40	人間活動	89
ソバ	17, 96	農業の集約化	91
【た】		【は】	
体表花粉	56, 61, 65	配偶体型自家不和合性	16
タイムラプスカメラ	57	胚珠	2, 13, 46, 71
他家受粉	5, 23, 25	胚嚢	2
タカノツメ	20	ハキリバチ科	65
他殖	10, 21	白亜紀	40
タデ科	17, 96	ハチドリ	4, 82
タマバエ	48	ハナアブ媒	4
タロイモショウジョウバエ	48	ハナシノブ科	14, 80, 82
タンポポ	102	ハナバチ媒	4

ハナホソガ	46
ハナミョウガ	57
ハナムグリ	4, 61
バラ科	16
ハリギリ	20
ハリナシバチ亜科	49
ハリナシバチ	49
繁殖干渉	92, 102
繁殖成功	6, 13
繁殖成功度	71, 76, 80
繁殖様式	5, 14, 16, 36
被子植物	2, 15, 40
ビデオカメラ	57
ヒメハナバチ科	49
標本の作製	59
ファストグリーン	80
風媒	4, 13, 40, 48, 51
袋がけ実験	24, 52, 63
腐食性ハエ媒	4
二親性の近交弱勢	68
不適合花粉	17, 78
ブナ科	42
部分的自家不和合性	10
閉鎖花	22
訪花行動	56, 59
訪花頻度	56, 63, 98
胞子体	2, 27
胞子体型自家不和合性	16
放射相称	4, 41
報酬	3, 40
ホオノキ	60
捕虫網	58, 63
ボチョウジ属	11, 36
ホトケノザ	23
哺乳類	57

【ま】

マイクロサテライト →SSR	61, 80, 102
膜翅目	43, 49, 63, 65
マルハナバチ	43, 61
見つけ捕り	58, 63
蜜腺	41
ミレニアム生態系評価	93
無性生殖	5, 11
無融合生殖 →アポミクシス	27

【や】

ヤツデ	20
有性生殖	1, 5, 12, 15
有性生殖のパラドクス	12
雄性先熟	19, 65, 82
雄性配偶体	2

【ら】

落射蛍光顕微鏡 →蛍光顕微鏡	79
両性花	10, 17, 21
隣花受粉	19
鱗翅目	43

【わ】

ワセリン	52, 62, 80

Memorandum

Memorandum

Memorandum

Memorandum

【著者紹介】

酒井 章子（さかい しょうこ）
1999年　京都大学大学院理学研究科博士課程修了
現　在　京都大学生態学研究センター 准教授
専　門　植物生態学
主　著　「生物の多様性ってなんだろう？―生命のジグソーパズル―」（共著）京都大学学術出版会
　　　　（2007）

生態学フィールド調査法シリーズ 2 *Handbook of Methods* *in Ecological Research 2* **送粉生態学調査法** *Field Methods* *in Pollination Ecology*	著　者　酒井章子　Ⓒ 2015 発行者　南條光章 発行所　**共立出版株式会社** 　　　　〒112-0006 　　　　東京都文京区小日向 4-6-19 　　　　電話　(03)3947-2511（代表） 　　　　振替口座　00110-2-57035 　　　　URL　http://www.kyoritsu-pub.co.jp/
2015 年 8 月 30 日　初版 1 刷発行	印刷　精興社 製本　ブロケード
検印廃止 NDC 477, 468 ISBN 978-4-320-05750-0	一般社団法人 　　　　自然科学書協会 　　　　会員 Printed in Japan

---

JCOPY <出版者著作権管理機構委託出版物>
本書の無断複製は著作権法上での例外を除き禁じられています。複製される場合は、そのつど事前に、出版者著作権管理機構（TEL：03-3513-6969，FAX：03-3513-6979，e-mail：info@jcopy.or.jp）の許諾を得てください。

Encyciopedia of Ecology

生態学事典

編集：巌佐 庸・松本忠夫・菊沢喜八郎・日本生態学会

「生態学」は、多様な生物の生き方、関係のネットワークを理解するマクロ生命科学です。特に近年、関連分野を取り込んで大きく変ぼうを遂げました。またその一方で、地球環境の変化や生物多様性の消失によって人類の生存基盤が危ぶまれるなか、「生態学」の重要性は急速に増してきています。
そのような中、本書は日本生態学会が総力を挙げて編纂したものです。生態学会の内外に、命ある自然界のダイナミックな姿をご覧いただきたいと考えています。

『生態学事典』編者一同

7つの大課題

Ⅰ. 基礎生態学
Ⅱ. バイオーム・生態系・植生
Ⅲ. 分類群・生活型
Ⅳ. 応用生態学
Ⅴ. 研究手法
Ⅵ. 関連他分野
Ⅶ. 人名・教育・国際プロジェクト

のもと、298名の執筆者による678項目の詳細な解説を五十音順に掲載。生態科学・環境科学・生命科学・生物学教育・保全や修復・生物資源管理をはじめ、生物や環境に関わる広い分野の方々にとって必読必携の事典。

A5判・上製本・708頁
定価（本体13,500円＋税）

※価格は変更される場合がございます※

共立出版

http://www.kyoritsu-pub.co.jp/